この一冊で全部わかる

Web制作と運用の基本

NRIネットコム株式会社
小出修平　塚田一政
時津祐己　羽廣憲世　著

わかりやすさにこだわった
イラスト図解式

SB Creative

本書に関するお問い合わせ

この度は小社書籍をご購入いただき誠にありがとうございます。小社では本書の内容に関するご質問を受け付けております。本書を読み進めていただきます中でご不明な箇所がございましたらお問い合わせください。なお、ご質問の前に小社 Web サイトで「正誤表」をご確認ください。

本書サポートページ　https://isbn2.sbcr.jp/09559/

上記ページのサポート情報にある「正誤情報」のリンクをクリックしてください。
なお、正誤情報がない場合、リンクは用意されていません。

ご質問送付先
ご質問については下記のいずれかの方法をご利用ください。

Web ページより

上記のサポートページ内にある「お問い合わせ」をクリックしていただき、ページ内の「書籍の内容について」をクリックすると、メールフォームが開きます。要綱に従ってご質問をご記入の上、送信してください。

郵送

郵送の場合は下記までお願いいたします。

〒106-0032
東京都港区六本木 2-4-5
SB クリエイティブ　読者サポート係

はじめに

本書は、これからWebサイトを作る方、特に企業や組織内のIT部門や広報・宣伝部門に在籍し最近Web担当になった方や、Web制作会社に入社して間もない新人Web担当者に向け、Webサイト開発や運用のノウハウを知ってもらうためのものです。これまで、Webサイトを見たり、利用したりする側だった方が、作る立場になったときに、まずはじめに読んでいただきたい内容になっています。 現在の企業活動にとってWebの活用は欠かせないものとなっていますが、経験の浅いWeb担当者がWebサイトの開発を実行に移すとなると、なかなか難しいものです。開発委託先の選定や、委託先からの見積もりの見方、社内のプロジェクトチームの立ち上げ方、そしてプロジェクトの進め方、聞いたことのない専門用語などなど。皆さんがこれまで携わってきた業務とは異なる知識や経験が必要になってくるでしょう。これらを委託先のWeb制作会社からの一方的な情報や、インターネットからの断片的な知識に頼るのではなく、体系的かつ網羅的な知識を身に付けたうえで、プロジェクトを進めていただきたく、本書を執筆しました。

Webサイトは作って終わりではありません。公開し長期にわたって運用していくことが本番であり、Webサイトの特徴でもあります。世の中のWeb開発の技術書の中には「Webサイトの作り方」に焦点をあてているものが多く、Webに関する知識も経験もゼロの方が読むと、理解しづらい内容も多いかと思います。その点、本書では、初心者の方でもわかりやすいように、Web開発と運用全般の知識を広く扱っています。そして、「Webサイトの作り方」だけでなく、「Webサイトの作り方と、効果的な運用の方法」を学ぶことができます。広くて深いWebの世界の、高度かつ専門的な知識のすべてを本書だけで習得することはできませんが、最初の一歩を踏み出すための最初の一冊として、本書をぜひ活用してください。

最後に、本書の出版を後押しいただいたNRIネットコム 大谷肇執行役員、日向美佳部長、佐々木拓郎部長、そして、出版にあたりご支援いただいたSBクリエイティブ 友保健太様に著者一同、深く御礼申し上げます。

CONTENTS

Chapter 1 はじめてのWebサイト

Chapter 2 準備をしよう

Chapter 3 Webサイトの目的を考える

Chapter 5 ユーザーとの接点を考える

Chapter 6 Webサイトの構造を考える

Chapter

1

はじめてのWebサイト

本章では、Web サイトを作り始める前に、Web サイトに関する基礎知識、さらに Web サイト開発に関連する専門用語など、Web 担当者として必要な知識を学びます。

01 Webサイトって何?

Webサイトとは、情報発信やサービス提供を目的としたWebページの集合体のことで、インターネットをとおして利用することができます。「Webサイトの作り方がわからない」「Webサイトを作りたいけど誰に頼めばよいの？」「そもそも、Webって何？」という方も多いかと思います。それではまずWebサイトとは何か、ざっくりと知ることから始めましょう。

● インターネットと、Webサイトの関係

皆さんも日常生活で頻繁に使っているWebサイトは、インターネットというネットワーク上に存在しています。インターネットの発明以前は「閉じられたネットワーク」の中で情報のやり取りをしており、利用者も政府機関や大企業などに限られていました。また､ネットワーク上の情報を閲覧するためには特別な機材や技術が必要で、一般の人が利用するには高いハードルがありました。対して、**インターネットは「開かれたネットワーク」と言われており、誰でも、どこからでも、いつでも特定の情報にアクセス、もしくは発信することができます。**特別な知識も必要なく、現在では、簡単に情報を閲覧・発信することができます。そのインターネット上で情報を閲覧・発信する手段としてWebサイトが活用されています。

● 現在のWebサイト

インターネット黎明期には、Webサイトから発信される情報は文字情報が主でした。しかし、2000年頃からのブロードバンド（大容量回線）の普及に伴い、文字情報に加えて画像、音声、動画などさまざまな情報の送受信が可能になりました。また、利用シーンも広がりました。オフィスや家庭内のPCでの閲覧だけでなく、2000年代後半からはスマートフォンを使って外出先でも情報を得られるようになったのです。さらに2020年から始まる5G(第5世代移動通信システム）サービスの普及に伴い、「高速・大容量」「低遅延」「多数同時接続」などの特徴を生かしたWebサービスが提供されていくでしょう。このように、**通信インフラの普及、インターネット技術の発展、社会環境の変化に伴い、Webサイトも常に変化してきたのです。**

プラス1 Webとは、インターネット上の文書公開・閲覧システムで、文字や画像、動画を組み合わせた文書の配布をするための仕組みです。別名World Wide Webと言います。

イメージでつかもう！

インターネット上のWebサーバーからWebサイトは公開される

WebブラウザでWebサイトを閲覧するということは、インターネットに接続されているWebサーバーにアップロードされたWebサイトのデータを見に行くことです。

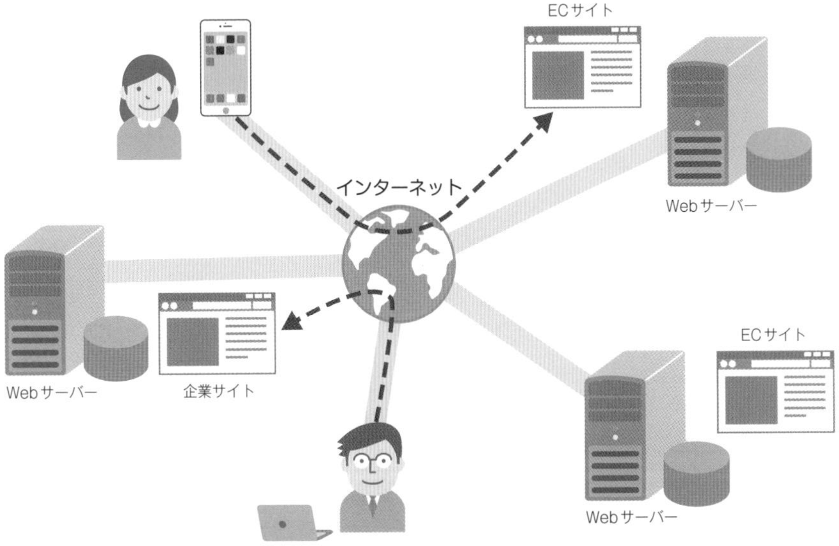
ECサイト
インターネット
Webサーバー
Webサーバー
企業サイト
ECサイト
Webサーバー

ざっくり覚える！インターネット技術と利用デバイスの変遷

	ネットワーク	Webサイトの特徴	利用デバイス
1990年代 インターネット黎明期	ダイヤル アップ接続	ネットワークが低速・小容量のため、文字情報中心のWebサイト	デスクトップPC
2000年代 ブロードバンド普及期	ADSL、 光ファイバー	ブロードバンドが普及し、画像、音声、動画の利用増	ノートPC
2010年代 スマートフォン普及期	3G回線、 4G回線	スマートフォンでの利用を想定したWebサイトが増加	スマートフォン、 ノートPC
2020年代 5G普及期	5G回線	5Gの特徴を生かしたWebサービスだけでなく、IoTデバイスやウェアラブルデバイスを利用したWebサービスが増えていく	スマートフォン、 ウェアラブルデバイス、 IoTデバイスなど

関連用語 Web ブラウザ ▶▶▶ P.74

02 Webサイトの種類

Webサイトには、皆さんに馴染みのあるSNS(ソーシャル・ネットワーキング・サービス）やEC(電子商取引）サイト、ニュースサイトをはじめ、さまざまな特徴を持つものがあります。ここでは、コンシューマー向けか企業内利用かという利用者の軸で整理を行い、皆さんがこれから作るWebサイトが何に属するか考えてみましょう。

● コンシューマー向けのWebサイト

コンシューマー向けのWebサイトは多種多様です。ここでは情報のやり取り（コミュニケーション）が一方向か双方向かで、それぞれの種類を見ていきます。

一方向の代表例として、企業サイト（コーポレートサイト)、商品サイト（プロモーションサイト）があります。**主に企業や商品の最新情報や詳細情報を発信し、情報の受け手である利用者の理解向上や認知拡大を達成するためのものです。**

一方、情報のやり取りが双方向のものとしては、ECサイトや比較サイトが挙げられます。企業側が発信している商品情報の中から、利用者が自分の欲しい商品の条件を設定し検索します。**利用者が条件設定という行動を行うことで、自身が欲しい情報が見つけやすくなり、プロモーションサイトにはない価値が生まれます。**上記の他、利用者同士が情報のやり取りを行うSNSやブログサービスなどがあります。

● 企業内利用のWebサイト

企業内利用の代表格としては、スケジュール管理サイト、情報共有サイト、企業内手続きサイト、バックオフィス支援サービスなどがあり、今では円滑な企業活動に欠かせないものとなっています。以前は、会計ソフトや顧客管理ソフトなどの業務ソフトは専用のアプリケーションをPCにインストールして使用することが多かったのですが、**現在はWeb化され、クラウド活用とともに、コスト削減、生産性向上に寄与しています。**テレワークでの勤務が増え、オンラインでの業務が必要となる中、ますます企業内利用のWebサイトの利用価値が高まっています。また、**顧客情報とサイトアクセス解析結果などをつなぎ合わせてマーケティングに活用するなど、新たなWeb活用も注目されています。**

イメージでつかもう！

代表的なWebサイトの例

世の中のWebサイトにはさまざまな種類がありますが、大きく分けると「コンシューマー向け」と「企業内利用」に分かれます。

コンシューマー向けのWebサイト

企業サイト（コーポレートサイト）	商品サイト（プロモーションサイト）	採用サイト・転職サイト
ランディングページ	ポータルサイト	ニュースサイト
ECサイト	比較・レビューサイト	検索サイト（飲食、物件など）
会員サイト（クレジットカードなど）	取引サイト（銀行など）	電子マネー
SNS	ブログ	動画サイト
地図・カーナビサービス	予約サイト	Webマガジン
クラウドサービス	フリマサイト	コミュニケーションサービス（チャットなど）

など

企業内利用のWebサイト

スケジュール管理サイト	情報共有サイト	手続きサイト
バックオフィス支援サービス	営業支援・顧客管理サービス	ファイル転送サービス
クラウドサービス	MAツール	アクセス解析ツール

など

これから作るWebサイトがどの種類に属するのかを考えることで、同じ種類のサイトを参考にすることができるね。

関連用語 企業サイト ▶▶▶ P.16　ランディングページ ▶▶▶ P.100　MA ▶▶▶ P.104　SNS ▶▶▶ P.98

03 Webサイトの目的と施策

ここでは、今あなたが実現したいビジネス上の目的を、Webを利用しどのように実現するのか、Webサイトの目的ごとにその施策例を見ていきましょう。

● コンシューマー向けのWebサイトの目的と施策

①企業や自社商品の認知度・ブランドイメージを向上させたい

コーポレートサイトのリニューアルや、商品の**プロモーションサイト**の立ち上げを検討しましょう。さらに、サイトへの誘導強化を達成する手段として、**Web広告**の出稿や、**SEO（サーチエンジン・オプティマイゼーション）**対策が考えられます。

②売上を伸ばしたい

直接インターネットを利用し売上を伸ばしたい場合は、ECサイトの開設が有効です。また、顧客情報や購買行動を把握しマーケティングに活用したい場合は、**DMP（データ・マネジメント・プラットフォーム）**を活用した**MA（マーケティング・オートメーション）**を導入しましょう。

③顧客からのお問い合わせ窓口に活用したい

旧来の電話でのお問い合わせ受付だけでなく、自社Webサイト上のサポートサイトからの問い合わせ受付や、**チャットによる自動応答機能**などを検討しましょう。

④採用活動に活用したい

企業情報の発信・理解促進のための採用特設サイトを持つ企業が増えています。また、採用活動を効率化し採用担当の負荷を軽減するためにWebの活用は有効です。

● 企業内利用のWebサイトの目的と施策

①業務改善、生産性向上を図りたい

社内の事情に合わせた既製のWebサービスを導入することが第一の選択肢となります。ただし、最適なものがない場合は、独自のツールを開発することも考えられます。

②社員間、組織間での情報共有をしたい

社内ポータルサイトの立ち上げが考えられます。どんな情報を、誰に対し発信するかは企業ごとに異なるため、社内のニーズをしっかりと汲み取ることが重要です。

プラス1 DX（デジタル・トランスフォーメーション）とは、企業を競争優位に導くために、データやデジタル技術を活用し、製品・サービス、ビジネスモデル、業務などを変革することを指します。

イメージでつかもう！

目的ごとの施策例

コンシューマー向けのWebサイトの目的

企業や自社商品の認知度・ブランドイメージを向上させたい	売上を伸ばしたい	顧客からのお問い合わせ窓口に活用したい	採用活動に活用したい
↓	↓	↓	↓
施策例			
コーポレートサイトのリニューアル	ECサイトの開設（既存プラットフォーム）	サポートサイトの開設	採用特設サイトの開設
商品プロモーションサイトの開設	ECサイトの開設（自社専用）	チャットによる自動応対機能	Web求人サービスの活用
動画サイトへ商品動画の掲載	Webマーケティング施策の実施	お問い合わせ窓口／コールセンターのWeb化	リモート会社説明会／面接の実施
Web広告の出稿	DMP／MAの活用	CRMの活用	採用活動管理のWeb化
SEO対策（Webサイトへの誘導強化）	Web広告の出稿		

DMP：Data Management Platform
MA：Marketing Automation
CRM：Customer Relationship Management

施策を組み合わせることで、目的の実現性が高まります。

企業内利用のWebサイトの目的

業務改善、生産性向上を図りたい	社員間、組織間での情報共有をしたい
↓	↓
施策例	
各種業務のクラウド活用（既製品、自社オリジナル）	社内ポータルサイトの開設
既存業務画面のユーザーインターフェース改善による生産性向上	リモート会議システムの活用
業務マニュアルのWeb化	動画メディアの活用

社内のニーズや、実際の業務に合った施策を計画することが重要です。

関連用語　MA ▶▶▶ P.104　CRM ▶▶▶ P.104　Web広告 ▶▶▶ P.96

04 Web担当者が知っておくべきこと

はじめてWebサイトの担当者になった方は、プロジェクトの開始にあたり何をすればよいかわからないと思います。前任者からレクチャーを受けても、実際にプロジェクトを開始した後にわからない単語や、難しい課題が出てくることは少なくありません。ここでは、スムーズなプロジェクトの進行を実現し、よりよい成果を上げるために、Web 担当者が知るべきはじめの一歩をご紹介します。

● Web 制作担当の職種を知る

Webサイトの開発は、ほとんどの場合 Web 制作会社などの専門会社に依頼します。発注側から目的や課題、要件を伝えれば、制作側は経験やナレッジに基づいて最善の解決策を提案します。プロジェクトの目的や内容によりプロジェクトメンバーの職種が変わりますが、**Webディレクター、デザイナー、フロントエンドエンジニア、システムエンジニア、Webマーケター、Webアナリスト**などが代表的な職種です。

● ワークフローや用語を知る

Webサイト開発は、**要件定義、設計、開発、テスト、公開、運用・改善**の6つの工程で構成されます。**公開して終わりではなく、公開後、アクセスデータに基づき運用・改善を重ねることが重要となります。**また、各工程で出てくる用語も覚えておく必要があります。**「ワイヤーフレーム」**や**「レスポンシブ Web デザイン」**など、Web制作には欠かせない用語が多くあるので、徐々に覚えていってください。

● 何が必要か？を知る

Webサイトをインターネット上に公開するには、最低限 Web サーバーが必要になります。Webサーバーにプログラムファイルをアップロードすることで、世界に向けてWebサイトが公開（リリース）されます。基本的には Web 制作会社が、プロジェクトに合わせた機材やソフトウェアを用意しますが、発注側企業内の共有Webサーバーから公開する場合は、管理担当者（主にIT部門）との連携が必要になってきます。

プラス1　右ページ職種の他にも、ライター、カメラマン、スマホアプリエンジニア、アートディレクター、クリエイティブディレクターなどさまざまな職種の専門家が Web サイト開発に参画します。

イメージでつかもう！

Webの開発プロジェクトチームの職種（代表例）

Web開発にかかわる職種はさまざま。プロジェクトの目的や内容に合わせて最適なプロジェクトチームを組むことが重要です。

プロジェクトマネージャー／Webプロデューサー

開発側のプロジェクト責任者です。計画・企画を立案し、プロジェクト全体を管理し、予定の期日・予算内で、成果物を完成できるようにマネジメントすることが求められます。

Webディレクター

Web制作の現場のリーダーです。プロジェクトマネージャーが立案した計画を実行し、成果物の完成まで制作全般の指揮をとります。そのため、幅広い知識と経験が求められます。

Webデザイナー

Webサイトのデザイン制作全般を担当します。デザインの方向性決めから、レイアウトや配色まで、デザインに関するあらゆるタスクを実行します。

フロントエンドエンジニア／マークアップエンジニア

WebサイトをHTMLやCSS、JavaScriptで作り上げる作業（実装）を担当します。スキルや経験によって使える言語や知識に差が出るため、プロジェクトに合わせたアサイン（任命）が重要となります。

システムエンジニア

主にサーバーサイドのエンジニアを総称してシステムエンジニアと呼びます。WebサイトをWebサーバーから配信できるようサーバーを設定することや、ECサイトに代表されるWebアプリケーションの設計・開発などを行います。

Webマーケター

Webを活用したマーケティング活動全般の企画・実行を担当します。MA（マーケティング・オートメーション）やDMP（データ・マネジメント・プラットフォーム）などを活用し、顧客情報や行動を分析したうえでマーケティング施策を企画するため、高い分析・提案能力が求められます。

Webアナリスト

Webサイトのアクセスログを解析し、利用者の行動・購買傾向のレポーティング、改善策の提案を行います。各種解析ツールを使用し、統計的にユーザー行動を分析する技術が求められます。

関連用語　ワイヤーフレーム ▶▶▶ P.114　レスポンシブWebデザイン ▶▶▶ P.76

05 Webサイトの開発の流れ

それでは、Webサイトの開発の流れ――企画検討から始まり、実際の設計・開発から公開までの流れ――を見ていきましょう。ここでは、プロジェクト開始前と、プロジェクト開始後に分けて整理していきます。

● プロジェクト開始前 ～発注側企業内での検討

開発に入る前に、どのようなWebサイトを作るのか、社内のプロジェクトチーム内で検討します。デザイン・開発部門が自社内にある企業を除いてほとんどの場合は、実際の開発を外部の開発ベンダー（Web制作会社やシステム開発会社）に委託することになります。**開発ベンダーに向けて、プロジェクトの目的や事業環境、予算規模や、要件、リリース時期などを伝える必要があり**、そのためにまず社内において認識の統一を行わなければなりません。あわせて、**依頼する開発ベンダーの選定方法、社内での関係部門（マーケティング、IT関連部門など）との連携の有無、チーム内の役割分担、社内承認フローなどが確認されます**。また、開発ベンダーの選定にあたり、コンペティションを開き、数社からの提案を募る場合もありますが、RFP（提案依頼書）の内容や選定方法についてはしっかりとチーム内で議論を行いましょう。

● プロジェクト開始後 ～発注側企業、制作側開発ベンダーでの開発

発注側企業と制作側の開発ベンダーそれぞれのプロジェクトチームが立ち上がり、プロジェクトが開始されます。Webサイトの規模や、開発期間にもよりますが、一般的には**要件定義、設計、開発・テスト、UAT（ユーザー受け入れテスト）、公開・運用の工程に分かれます**。各工程でのタスクは、プロジェクト開始後に開発ベンダーから提示され、協議のうえ、タスクの実施期間、内容、成果物、担当などが決まります。ここで決まった工程とタスクに沿ってプロジェクトが実施されるため、タスクの過不足がないかしっかりと確認しておく必要があります。そして、開発が完了し、表示・動作テストを経て、Webサーバー上に公開され、プロジェクトはいったん完了となります。ただし、**Webサイトを公開して終わりではなく、ここからが運用・改善の始まりになります。**

イメージでつかもう！

Webサイトの開発の流れ

社内でプロジェクトの目的、要件の認識合わせを行うことが重要です。

プロジェクト開始前～発注側企業内での検討

プロジェクトチーム発足
- プロジェクトメンバー選定
- 事業課題、目的の確認
- メンバー間の担当決め

企画・検討
- 開発予算の獲得、調整
- 要件の詳細化
- 関係部門との調整、社内承認フローの確認

開発ベンダー選定
- 選定方法の検討（コンペ、相見積もり、指名など）
- RFPの作成、開発ベンダーへの提示
- 開発委託契約締結、プロジェクト開始までの準備

こういう感じで進めましょう
OKです
プロジェクト開始前に、工程とタスクの確認をしっかり行っておく必要があります。

プロジェクト開始後～発注側企業、開発ベンダーでの開発

要件定義
- プロジェクトの実施方針の決定
- 要件に対しての具体的な施策の決定
- スケジュール、工程、タスク、開発方法の確認

設計
- 全体設計と詳細設計の検討
- デザインイメージや設計書などの成果物の確認

開発・テスト
- 設計内容に沿った開発作業の実施
- テスト（表示、動作テストなど）

UAT（ユーザー受け入れテスト）
- 発注側企業による確認・テスト
- 指摘のフィードバック、修正作業の実施

公開・運用
- 公開し開発プロジェクトは完了
- 運用フェーズにて、継続的な改善の実施

関連用語　RFP ▶▶▶ P.40　プロジェクトの流れ ▶▶▶ P.46

06 Webサイトの改善

Webサイトは、出版や広告などとは異なり、一度世の中に発信されて終わりではありません。**初回公開後、事業環境や自社の状況、特にWebサイト利用者（顧客、ユーザー）の利用状況に合わせて、対策・改善を積み重ねていくことが重要です。**

● まずは利用状況の把握

改善を進めるにあたりまず行うことは、**Webサイトの利用状況の把握**です。対象となるWebサイトの利用者数、閲覧ページ数、離脱率などの指標を多く収集し、利用者の行動を正確に知る必要があります。そのためには、Googleアナリティクスなどの**アクセス解析ツールを導入**し、利用状況のデータ化、Web担当者による分析を行います。その分析結果が改善のための基礎情報となります。

● 利用状況をもとにした改善施策の検討

利用状況を把握した後、改善施策を考えます。主に、**Webサイト自体の改善施策**と、**集客力向上のためのマーケティング改善施策**に分かれます。

①Webサイト自体の改善施策

利用状況を分析した結果、離脱者数が増えているなどの悪い結果が出た場合、そこには設計・デザイン上の欠陥があると考えられます。その欠陥についてさまざまな角度から見直し、**仮説定義、設計・開発、公開の後、再度アクセス解析ツールで改善効果を測定します。**この流れを繰り返すことで、Webサイト全体が改善されます。

②集客力向上のためのマーケティング改善施策

代表的な例として、**Web広告による集客力向上と費用対効果の最適化**があります。利用状況を把握したうえで、現在のWeb広告出稿の費用対効果を分析し、必要であれば出稿先の見直しを含めたマーケティング施策の見直しを行います。また、広告だけでなく流入者数増加のために**SEO対策やSNSの活用**なども検討します。

皆さんもご自身が担当しているWebサイトについて、しっかりと利用状況を把握したうえで、継続的な改善活動を実施していってください。

イメージでつかもう！

Webサイトの改善の流れ

Webサイト公開

↓

利用状況の把握

Google アナリティクスなどのアクセス解析ツールを導入し、Webサイトの利用状況を把握します。

開発時に
実施
</>

Webサイト内の各ページに、アクセス解析ツール用のソースコードを記載。 → アクセス解析ツールから各種アクセス情報を閲覧。 → アクセス解析担当者による分析、レポート作成。

↓

改善施策の検討

利用状況をもとに改善施策を検討します。

Webサイト改善施策

- 利用状況から問題のあるページの特定
- ↓
- 問題の原因の特定。解決策の仮説検証
- ↓
- 仮説をもとに改善作業を実施し、その効果を再検証
- （最初に戻る）

マーケティング改善施策
※Web広告出稿改善の場合

- Web広告出稿先からの流入を測定・検証
- ↓
- 代わりのWeb広告出稿先の検証
- ↓
- 仮説をもとに広告出稿先を変更、その効果を再検証
- （最初に戻る）

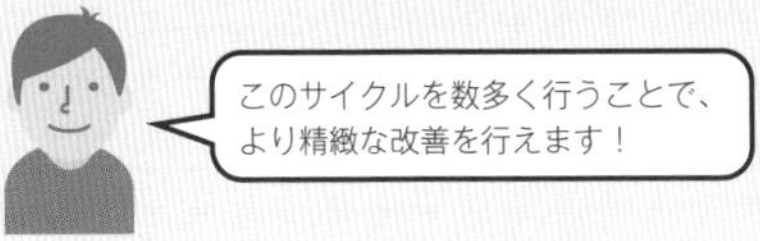
このサイクルを数多く行うことで、
より精緻な改善を行えます！

関連用語 Google アナリティクス ▶▶▶ P.176　Web 広告 ▶▶▶ P.96　アクセス解析 ▶▶▶ P.176

07 UXとUIとは

Webサイトを作るうえで、UXとUIの意味を正しく理解することを避けてはとおれません。**UXとは「ユーザー体験（User eXperience)」を意味し、UIとは「ユーザーインターフェース（User Interface)」を意味します。**似たような言葉ですが、それぞれどのような意味で、何が違うのでしょうか。

● UXとは利用者にポジティブな感情をもたらす体験を与えること

UXの意味を真正面から捉えると「ユーザー（利用者）の体験・経験」となり、一般的にはプロダクトやサービスをユーザーが利用しているとき（もしくはその前後）に起きる体験全般のことを指します。また、継続的に発生する体験の連続から生まれるユーザーの感情の形成も含めUXと呼ぶ場合もあります。

Webサイトにあてはめてみましょう。Webサイトを使うとき、私たちはさまざまな機能を使います。例えば「問い合わせをする」という行為は、それ単体で見るとただの機能でしかありません。これに連続的な体験を与えたらどうでしょうか。「メールや電話を使わず、チャットでの問い合わせで、回答が即時に提示される」――。問い合わせという行為には変わりありませんが、ユーザーニーズに沿った新しい体験が生まれました。そして、きっと私たちには「すぐに問題が解決してうれしい」という感情が起こるはずです。**このようにユーザーニーズに沿った体験の発生から、「ポジティブな感情をもたらす体験」をユーザーに与えることも含めUXと呼ぶのです。**

● UIとは利用者の操作を断面で捉えたもの

UI(ユーザーインターフェース）とは、ユーザーに対し提供する操作手段・操作感のことを言います。何かを操作するときにタッチパネルなどを使ったりしますが、ユーザーが操作・認識を行う過程における装置や手段全般をUIと呼びます。Webサイトにおける UIは主に、画面全体や、画面内に配置されるボタンやテキストなどの構成要素のことを指し、ユーザーがWebサイトを利用するときに操作したり見たりするものを総じてUIと言います。UXが継続的な体験のことを指すのに対して、**UIは利用者の操作の瞬間の構成要素やその操作感のことを指します。**

プラス1 「ユーザー」とは、Webの世界ではWebサイトやスマホアプリを利用・操作する人のことを指しますが、企業内利用のWebサイトの場合は利用者である従業員を「ユーザー」と呼びます。

イメージでつかもう！

UXとUIの違い

UXとUIは似たようなワードですが、その意味は異なります。その違いをしっかりと理解し、プロジェクトチーム内で共通の認識を持ちましょう。

UX
（ユーザー体験）

Webサイト利用時の体験と、得られる感情

ECサイトでの返品が簡単だった。
デザインがかっこいい。
商品情報が動画で載っていてわかりやすかった。
商品検索が素早くできてうれしい。

UI
（ユーザーインターフェース）

Webサイト内で操作・閲覧する要素・部分のこと

ボタン
ページ全体
ボタン
ナビゲーション
ABC
テキスト
動画
操作感

UXとUIの関係

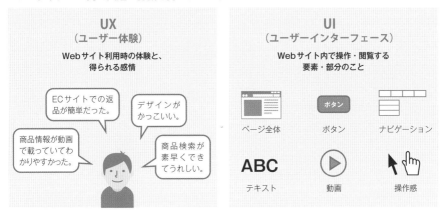

よいUXの実現には、ユーザーのニーズに沿ったサービスやコンテンツの開発はもちろんのこと、ユーザビリティなどに配慮したよいUIの実現が欠かせません。

UX
（ユーザー体験）
UI（ユーザーインターフェース）
ユーザビリティ
アクセシビリティ
ビジュアルデザイン
情報設計
コンテンツ開発
サービスデザイン

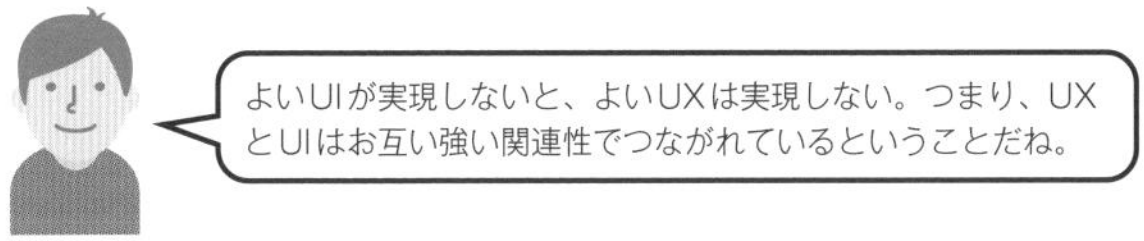
よいUIが実現しないと、よいUXは実現しない。つまり、UXとUIはお互い強い関連性でつながれているということだね。

関連用語 UI ▶▶▶ P.140

08 ユーザビリティとは

ユーザビリティという言葉を聞いたことがあるという方は多いと思います。ただ、その意味を「使いやすさ」というだけで片付けていませんか？　実はユーザビリティとはもっと深い言葉なのです。

● ユーザビリティとは

ユーザビリティとは、**特定の利用者が、特定の利用シーンで、特定の目的を達成する過程で「やりたいことができたか（＝有効性）」「効率的にできたか（＝効率性）」「満足したか（＝満足度）」の度合い**のことを言います。つまり、ユーザビリティが高いということは、ユーザーが「やりたいことが効率的にできて、不満がなかった」という状態で、ユーザビリティが低いということは「やりたいことができなかった」「操作に迷った」「もう使いたくない」という状態です。

さらに、ユーザビリティは1つではなく、利用者や利用シーン、利用目的が異なると、その組み合わせの分だけユーザビリティが異なります。「使いやすさ」という言葉で片付けるのではなく、対象となるサービスや製品を細かく分析することで、あるべきユーザビリティが見えてくるのです。

● あるべきユーザビリティを見つけるために

ユーザビリティの権威のヤコブ・ニールセン博士は、ユーザビリティを**「学習のしやすさ」「効率性」「記憶のしやすさ」「エラー」「主観的満足度」**に分類します。

「学習のしやすさ」とは、はじめて使ったインターフェースでも、簡単に使うことができるということです。「効率性」は、手間なく効率的に目的を達成できるということです。「記憶のしやすさ」とは、時間がたっても使い方をすぐに思い出し再び使うことができるということです。「エラー」は、エラーが発生しづらく、発生してもすぐに元の状態に戻れるということです。「主観的満足度」は、ユーザーが満足し繰り返し使い続けている、ということです。

この５つの観点をもとに、Web サイトを分析してみてください。「使いやすさ」という言葉だけでは見つからない、本質的なユーザビリティが見えてくるでしょう。

プラス１　ヤコブ・ニールセン博士は上記に書いたユーザビリティの５つの指標の他、ヒューリスティック（経験則）による評価手法「ニールセンのユーザビリティ 10 原則」も提唱しています。

イメージでつかもう！

ECサイトにおけるユーザビリティ

ECサイトでは3つの利用シーンを経て商品を購入します。利用シーンごとに利用目的が異なるため、利用シーンごとに「有効性」「効率性」「満足度」を見ていく必要があります。

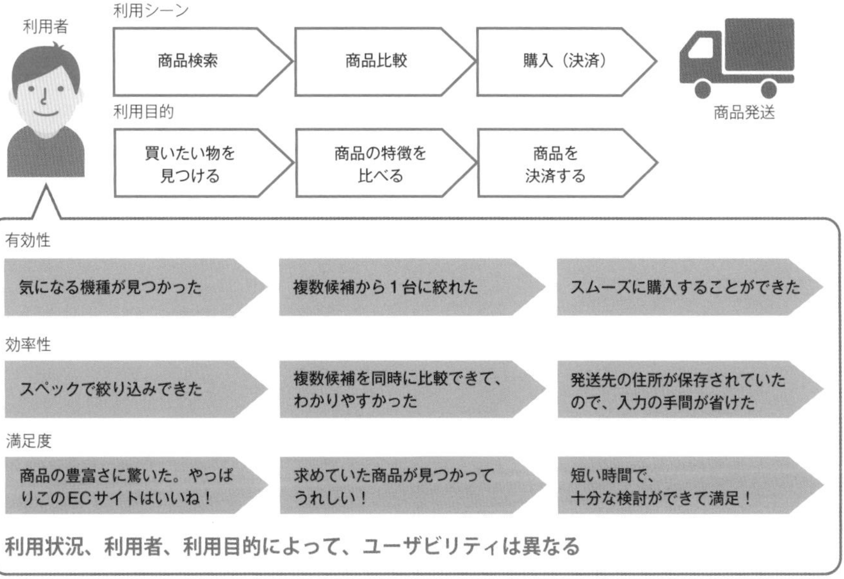
利用者
利用シーン
商品検索
商品比較
購入（決済）
商品発送
利用目的
買いたい物を
見つける
商品の特徴を
比べる
商品を
決済する
有効性
気になる機種が見つかった
複数候補から１台に絞れた
スムーズに購入することができた
効率性
スペックで絞り込みできた
複数候補を同時に比較できて、
わかりやすかった
発送先の住所が保存されていた
ので、入力の手間が省けた
満足度
商品の豊富さに驚いた。やっぱ
りこのECサイトはいいね！
求めていた商品が見つかって
うれしい！
短い時間で、
十分な検討ができて満足！
利用状況、利用者、利用目的によって、ユーザビリティは異なる

ECサイトにおけるユーザビリティ向上施策

効率性の施策例　～　保存してある住所を発送先にセットできる機能

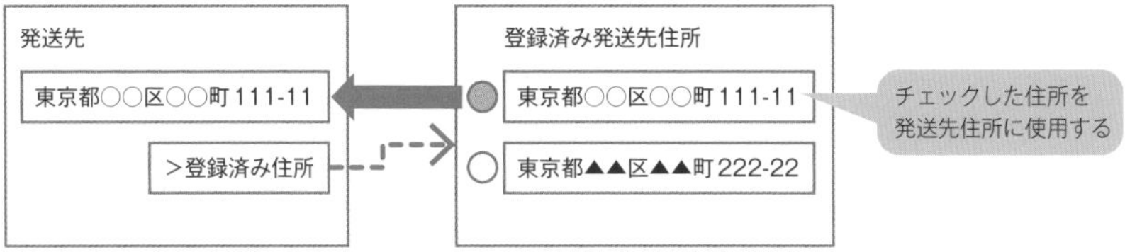
発送先
東京都○○区○○町111-11
＞登録済み住所
登録済み発送先住所
東京都○○区○○町111-11
東京都▲▲区▲▲町222-22
チェックした住所を
発送先住所に使用する

エラーの施策例　～　エラーメッセージをエラー発生箇所付近に記載

Email
ABC.BBB.jp
エラー　メールアドレスの形式が
間違っています。
エラーが発生した箇所の下にエラー
内容が表示されて、どこでエラーが
発生したかわかりやすい！

関連用語　ユーザビリティ ▶▶▶ P.178　アクセシビリティ ▶▶▶ P.82　UI ／ UX ▶▶▶ P.24

09 セキュリティとプライバシー

Web サイトは企業と消費者をつなぐチャネルとして、欠かせないものとなっています。そこに重大なセキュリティ上の欠陥があり、消費者の個人情報や企業の機密情報が流出してしまったら、その損害は計り知れないものとなります。Web サイト開発時に気をつけるセキュリティとプライバシーについて整理しましょう。

● Web サイトの 3 つのセキュリティ対策

Web サイトのセキュリティを検討する際に、3 つの対策が考えられます。

- **Web アプリケーション（Web サイト自体）のセキュリティ対策**
- **Web サーバーのセキュリティ対策**
- **ネットワークのセキュリティ対策**

このうちどれか 1 つでも欠陥があると、そこから Web サイトに侵入され、コンテンツの改ざんや情報流出事故が起こる恐れがあります。それを防ぐため、開発段階で十分なセキュリティ対策の検討とその実施を行うとともに、専門家によるセキュリティ診断を実施し、外部からの不法な侵入に対処できる Web サイトを作りましょう。

● 個人情報の利用には利用者の許諾が必要

企業による個人情報の保護や利用の制限などが法制化され、個人情報保護は企業の重要な責務となっています。そのような中で、Web サイトを開発・運用する際に、漏えい防止のセキュリティ対策以外に気をつけることは何でしょうか。

まずは、**個人情報保護方針やプライバシーポリシー**を策定し、取得する情報の種類や利用目的を Web サイト利用者（ユーザー）に開示したうえで、個人情報を利用する場合は、ユーザーの許諾を明確に得る必要があります。同様に、個人情報を他社と共有する場合にもユーザーの許諾を得なければなりません。また、個人情報の目的外利用についても、法令で許される一部の利用目的を除き制限されます。さらに、ユーザーの求めに応じて個人情報の利用の停止や削除が必要になる場合があります。このように、個人情報の利用には細心の注意を払い、安全かつ信頼のおける Web サイトを提供しましょう。

イメージでつかもう！

セキュリティ対策のポイント

Webサイトのセキュリティ対策は、3つのポイントに気をつけましょう。3つのポイントで、それぞれ異なる対策をとりますが、各ポイントにおいて専門家の支援を受けることが重要です。

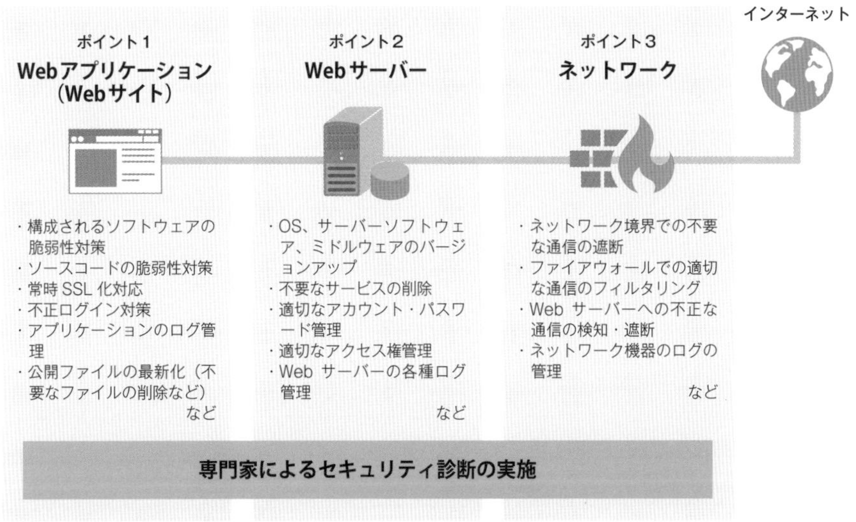
インターネット
ポイント1
Webアプリケーション（Webサイト）
・構成されるソフトウェアの脆弱性対策
・ソースコードの脆弱性対策
・常時 SSL 化対応
・不正ログイン対策
・アプリケーションのログ管理
・公開ファイルの最新化（不要なファイルの削除など）
など
ポイント2
Webサーバー
・OS、サーバーソフトウェア、ミドルウェアのバージョンアップ
・不要なサービスの削除
・適切なアカウント・パスワード管理
・適切なアクセス権管理
・Web サーバーの各種ログ管理
など
ポイント3
ネットワーク
・ネットワーク境界での不要な通信の遮断
・ファイアウォールでの適切な通信のフィルタリング
・Web サーバーへの不正な通信の検知・遮断
・ネットワーク機器のログの管理
など
専門家によるセキュリティ診断の実施

個人情報保護方針・プライバシーポリシーの構成

Webサイトの構築にあたり法務部門と連携し、以下の代表的な項目を参考に自社の個人情報保護方針やプライバシーポリシーを検討しましょう。また、海外で事業を展開している企業は、GDPR（EU一般データ保護規則）やCCPA（米国カリフォルニア州消費者プライバシー法）などの各国の法令を遵守する必要があります。

■個人情報保護方針・プライバシーポリシーの項目例

- 取得元、取得する情報の種類と取得方法
- 個人情報の利用目的
- 個人情報の共同利用と第三者への提供
- 個人情報の開示・開示請求方法
- 個人情報の訂正、利用停止、消去
- 個人情報の正確性の確保
- 個人情報管理責任者
- cookie、Webビーコンについて
- 個人情報に関する苦情・相談受付・お問い合わせ先
- 個人情報保護方針改定について

関連用語 Web ガバナンス ▶▶▶ P.80

10 Webサーバー構築とドメインの取得

ここでは、Webサイトの公開に必要なWebサーバーの構築について整理します。Webサーバーの構築というと開発者に任せればよいと思われがちですが、発注側企業のWeb担当者が決定する内容も多く、Webサイトに合わせた検討が必要です。

● 設置場所選定と、Webサーバーソフトウェアのインストール

まずは、Webサーバーの設置場所を検討します。自社内の施設にWebサーバーを物理的に設置する**「オンプレミス」**と、クラウド（レンタルサーバー）事業者のクラウド環境を利用する**「クラウド」**の2つがあります。それぞれ、コストやカスタマイズ性、拡張性に特徴があり、これから作るWebサイトの要件に合わせて選定しましょう。次に、Webサーバーソフトウェアのインストールと設定を行います。Apache（アパッチ）などのWebサーバーソフトウェアをWebサーバーにインストールし、ファイルパスやアクセス権などの設定を行います。そして、開発したプログラムファイル（HTML、PHP、Javaなど）をWebサーバー内にアップロードします。

● ドメインを取得し、DNSサーバーに登録する

Webサーバー本体の設定を行っても、Webサイトは公開されません。Webでの住所となる**「ドメイン」**を取得し、ドメインとIPアドレスの紐付けを行ってはじめてWebサイトが公開されます。それではドメイン取得・登録の流れを見ていきましょう。まずは、ドメイン名を決めます。企業名やサービス名をドメインに使用し、ユーザーが覚えやすいドメインにしてください。また、事業分野ごとに決まるトップレベルドメイン（.com、.jpなど）や、属性ごとに決まる第2レベルドメイン（.co、.neなど）を決める必要があります。そして、決めたドメインをクラウド事業者やドメインの専門会社を介して取得します。なお、ドメインの使用は有料で、一定期間ごとに更新が必要です。更新を怠るとそれまでのドメインを使用できなくなるので注意してください。最後に、取得したドメインを**DNSサーバー**に登録しますが、登録してもWebサイトが即座に全世界からアクセス可能にはならず、DNSサーバーにドメイン情報が反映される時間を待ってWebサイトがアクセス可能になります。

プラス1 クラウドサービスでは1台の物理サーバーの中に仮想サーバーを作り、仮想サーバー内を独占的に使えるため、レンタルサーバーとは異なりカスタマイズの自由度があります。

イメージでつかもう！

Webサーバー構築の流れ

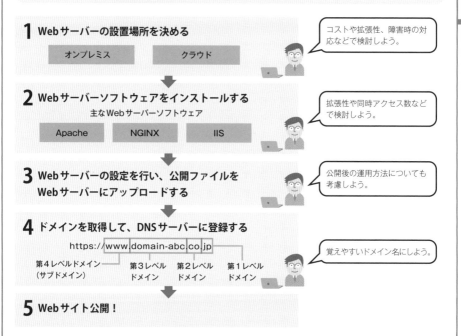

1 Webサーバーの設置場所を決める

オンプレミス　クラウド

コストや拡張性、障害時の対応などで検討しよう。

2 Webサーバーソフトウェアをインストールする

主なWebサーバーソフトウェア

Apache　NGINX　IIS

拡張性や同時アクセス数などで検討しよう。

3 Webサーバーの設定を行い、公開ファイルをWebサーバーにアップロードする

公開後の運用方法についても考慮しよう。

4 ドメインを取得して、DNSサーバーに登録する

https://www.domain-abc.co.jp

第4レベルドメイン（サブドメイン）　第3レベルドメイン　第2レベルドメイン　第1レベルドメイン

覚えやすいドメイン名にしよう。

5 Webサイト公開！

オンプレミスとクラウドの違い

Webサーバーの設置方法には「オンプレミス」と「クラウド」があります。それぞれの特徴を踏まえて、最適な方法を選びましょう。

	オンプレミス	クラウド
コスト	初期費用は高額 運用費用は定額	初期費用は安価 運用は定額＋従量課金
カスタマイズ性	自由にカスタマイズ可能	クラウド事業者のサービスの範囲内でカスタマイズ可能
セキュリティ	自社でセキュリティ機器の導入が必要	基本的なセキュリティ機能は提供される
災害復旧	サーバーを設置している建物が被害を受けたら復旧困難	地理的にサーバーが分散されているため、復旧は容易
障害対応	自社または委託会社が対応するため負担は高い	クラウド事業者が対応するため負担は低い
拡張性	拡張に時間を要し、コストも高額	一時的なリソースの拡張が安価に可能

COLUMN

これからのWebと、Web担当者が持つべきスキル

インターネットが一般に利用されるようになってから約四半世紀がたち、企業活動のWeb化、デジタル化が進んでいます。そのような状況で、企業のWeb担当者は、これからのインターネットやWebのどこに注目し、どのようなスキルを身に付けなければいけないのでしょうか。

1つ目は、**広告のデジタルシフトです。**2019年にインターネット広告費が2兆円を超え、それまでトップだったテレビメディアの広告費を抜きました。これには、ユーザーの利用動向把握の正確さや、インターネット利用時間の増加がその背景にあります。これからのWeb担当者は広告手法に対する知識を深めるとともに、商品やサービスに合わせた投資対効果の高い広告を見極めるスキルが必要になります。

2つ目は、**デジタル技術による社内業務効率化です。**新型コロナウイルスによるテレワークの浸透に伴いリモート会議が一般化し、物理的な距離を感じさせないワークフローやサービスが整備されてきています。一方で、リモートでも生産性を下げないことが課題となっており、その解決策としてさまざまなサービスを発見、評価し、社内の業務に最適化していくことが必要になります。

3つ目は、**個人データの活用とその取り扱いです。**現在のWebでは、個人情報、販売記録、アクセスログなどユーザーのさまざまな情報が、企業内外で活用され、Webの利便性の向上や、ユーザー体験の向上につながっています。ただし、これらの情報がひとたび外部に流出すると、企業ブランドや事業に大きく影響を与えるため、その取り扱いには多大な注意が必要になります。そのため、個人情報保護に関する法的知識や、インターネットセキュリティに関する技術的な知識を蓄えていく必要があります。

最後に、**新技術や新サービスの吸収です。**5GやIoT、AIなど、さまざまな技術が開発され、Webと組み合わせた新しいサービスが提供されています。最新技術の動向を常に追い、自社の商品・サービスに合わせた使い方を発見することも、これからのWeb担当者に求められる技術の1つになります。

Chapter
2

準備をしよう

本章では、Web サイトを作り始める具体的な準備として、「社内体制の整理」「制作会社の選定」「契約関連の準備」「コミュニケーションルール」など、基本的な内容を解説します。

01 Webサイトを作り始める前に

Webサイトを作ろうとするとき、何から取り組むべきでしょうか。作り始める前に準備しないといけないこと、決めておくべきことを押さえておきましょう。

● 社内体制の整理

Webサイトの新規立ち上げやリニューアルを行う場合、**自社内の関連部門からメンバーを選出して社内に検討チームを立ち上げるのが一般的です**。プロジェクトの内容や目的によって適切な部門からメンバーを選出します。目的やスケジュールを社内で意見統一しながら進行できる体制作りが重要になってきます。

● 制作会社の選定

社内のプロジェクトチームが発足したら、次は発注する**制作会社**を選定していきます。制作会社といっても、得意とする分野や業種、対応可能な業務範囲はさまざまです。どのような方針で選定するか、プロジェクトチーム内で検討していきます。

また、検討の際に重要なのが**RFP（提案依頼書）**の準備です。Webサイトの目的や、発注したい内容、制作会社への要望などを明確に記載していきます。

● 契約関連の準備

制作会社を選定したら、発注側である自社と受注側である制作会社・開発会社との間で**契約書**を締結します。NDA（秘密保持契約）や業務委託契約など、契約といっても業務内容や実施工程によってさまざまです。必要な契約を準備しましょう。

● プロジェクトキックオフに向けた具体的な準備

Webサイト構築・リニューアルのプロジェクトでは、多くのタスクが発生するため、スケジュールを組み立てるときにも決めておくべきことが多くあります。

スケジュールを守って活動するには、**タスクをどの担当者や制作会社が行うかの役割分担、作業を進めるための適切なコミュニケーション手段、成果物に対する社内承認フローについて整理しておくことが重要です**。

イメージでつかもう！

作り始める前に準備する内容を押さえよう

社内体制の整理

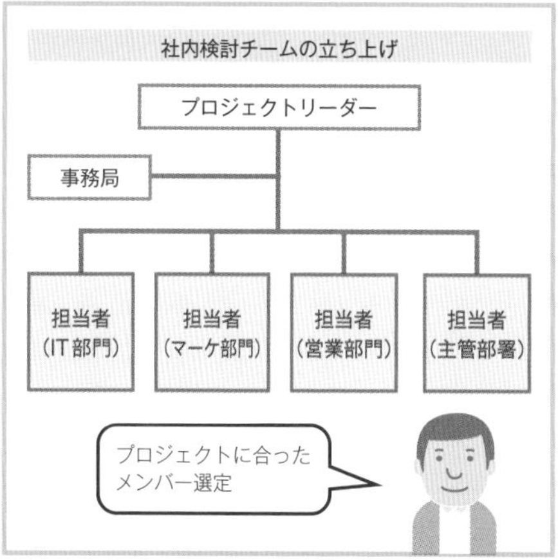
社内検討チームの立ち上げ
プロジェクトリーダー
事務局
担当者（IT部門）
担当者（マーケ部門）
担当者（営業部門）
担当者（主管部署）
プロジェクトに合ったメンバー選定

制作会社の選定

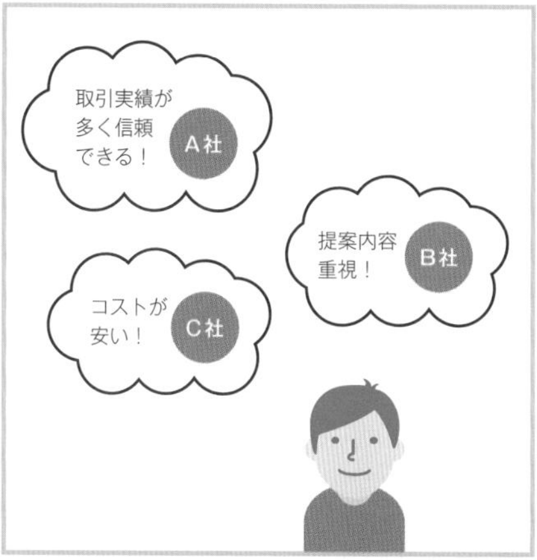
取引実績が多く信頼できる！
A社
提案内容重視！
B社
コストが安い！
C社

契約関連の準備

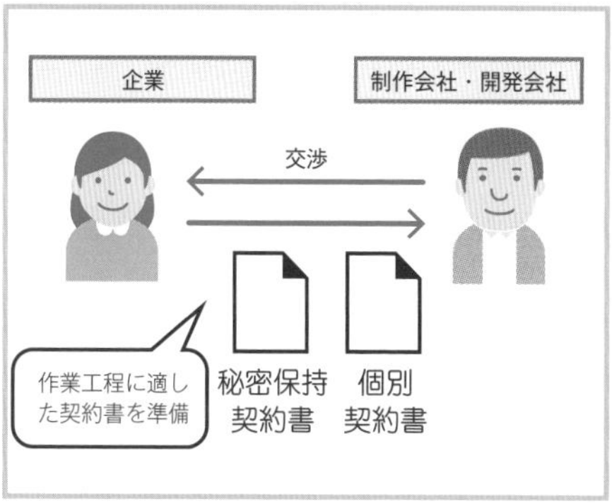
企業
制作会社・開発会社
交渉
作業工程に適した契約書を準備
秘密保持契約書
個別契約書

キックオフに向けた準備

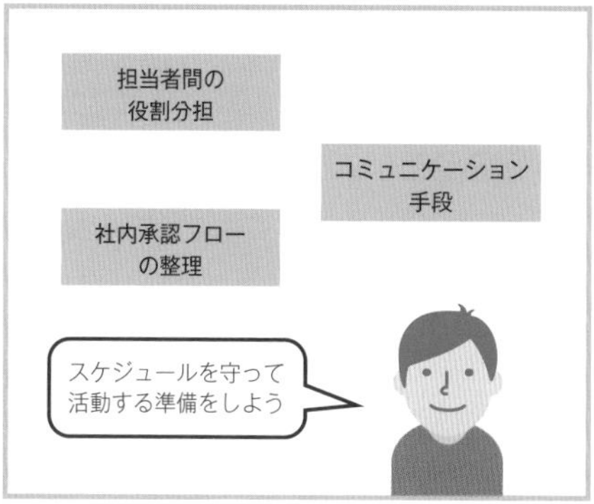
担当者間の役割分担
コミュニケーション手段
社内承認フローの整理
スケジュールを守って活動する準備をしよう

Web担当者の役割は広く、社内の組織構成やプロジェクトの状況によってさまざまです。例えば社内体制は既に決まっていたり、制作会社の選定も終えている状態から業務を開始するケースもよくあります。
本章を読んで、Webサイトを作り始める前に準備すべき全体の内容をつかみましょう！

関連用語 RFP ▶▶▶ P.40 NDA ▶▶▶ P.42 業務委託契約書 ▶▶▶ P.42

02 社内検討チーム体制と、その役割

Webサイトの新規立ち上げやリニューアルを行う場合、関連部門からメンバーを選出して社内に検討チームを立ち上げるのが一般的です。どのような検討の進め方を行うのがよいか解説していきます。

● 検討チームの体制

Webサイト運用を担当している部署（主管部署）のメンバーの他に、**社内からの理解を得て協力体制を構築できるよう、関連部門のメンバーを加えた体制で検討を進めます。**例えば、CMSの導入が必要なプロジェクトの場合は社内のITシステムに関連する部門、Webサービスを新しく立ち上げるプロジェクトであれば営業部門やマーケティング部門など、企業の規模によって異なりますが適切な部門からメンバーを選出します。

また、部門を横断した検討チームとなるため、検討事項をまとめる**リーダー**の選出と、全体スケジュールや課題・要望を管理する**事務局**の設置も重要なポイントです。

● 検討チームの役割

検討チームは、プロジェクトの予算を確保し、要件定義、設計、開発などの各工程を主体的に推進し、サイトの公開をゴールとして活動を行っていくことが一般的です。**重要なのはプロジェクトの目的を社内で意見統一しながら進行することです。**

主管部署で検討している課題や要望に加えて、関連部門のメンバーからも課題や要望のヒアリングを行い社内からの理解を得ます。また、経営層への承認や意見の異なる部門からの理解を得るためには、どうやって自社のビジネスに貢献できるかをコストやコンバージョンなど評価可能な数値で示すことも重要なポイントです。

● サイト公開後の運用体制やルールの準備も重要な役割

Webサイトは公開してからがようやくスタートです。検討チームのメンバーの多くは兼任しているため、継続的に活動するのが難しい場合がほとんどです。**運用を見据えた体制やルールをあわせて検討することも重要な役割の1つです。**

イメージでつかもう！

社内検討チームのプロジェクト体制

社内検討チームの体制例です。主管部署と、関連する各部門からメンバーを選出してプロジェクト向けにチームを立ち上げます。

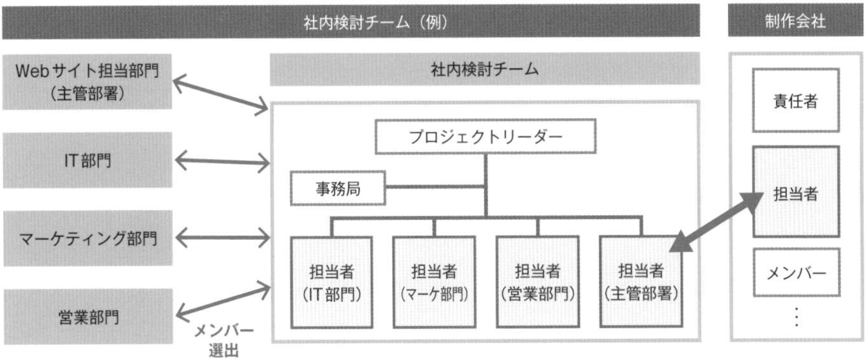

社内検討チーム（例）
制作会社
Webサイト担当部門（主管部署）
IT部門
マーケティング部門
営業部門
メンバー選出
社内検討チーム
プロジェクトリーダー
事務局
担当者（IT部門）
担当者（マーケ部門）
担当者（営業部門）
担当者（主管部署）
責任者
担当者
メンバー

他にも社内検討チームを立ち上げるのではなく、主管部署が中心となり関連部署と意見や情報連携を行いながら進める体制も考えられます。プロジェクトにあわせて検討しましょう。

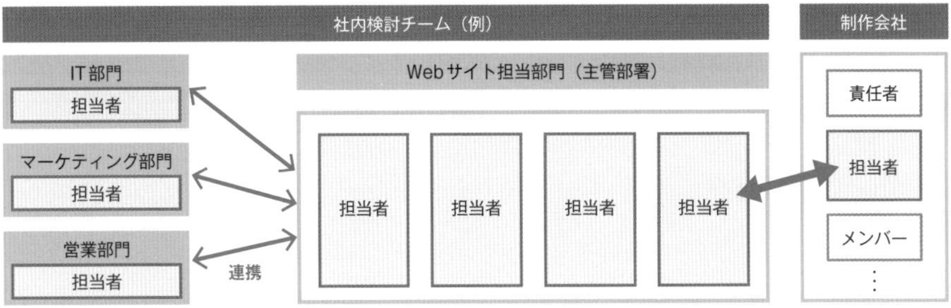

社内検討チーム（例）
制作会社
IT部門
担当者
マーケティング部門
担当者
営業部門
担当者
連携
Webサイト担当部門（主管部署）
担当者
担当者
担当者
担当者
責任者
担当者
メンバー

各担当者の役割

担当	役割
プロジェクトリーダー	担当者や各部門との調整を行い、プロジェクトの統括・推進を行う。 経営層への報告・承認も主体的に実施する。
事務局	プロジェクトの運営ルールを定め、課題・要望をとりまとめる。 スケジュールやコストの管理・調整も行う。
担当者（主管部署）	Webサイトの各工程の具体的な作業について主体的に実施する。 制作会社・開発会社とのコミュニケーションも主管部署の担当者が行う。
担当者（関連部門）	それぞれ担当部門に関連する課題や要件についてまとめる作業を主体的に実施する。 内容によっては担当部門内に持ち帰って詳細に検討を行い、社内検討チームへフィードバックを行う。

関連用語 要件定義、設計、開発 ▶▶▶ P.46　CMS ▶▶▶ P.78

03 制作会社の選定

社内のプロジェクトチームが立ち上がったら、次は発注する制作会社を選定していきましょう。一般的な選定の流れと気をつけるポイントを解説します。

● 選定方針の検討

どのような方針で選定するか、プロジェクトチーム内で検討します。取引実績を優先、コストを優先、提案内容を重視など、プロジェクトに適した選定方針を検討して、発注先候補の制作会社をリストアップします。あわせて全体スケジュールに沿った発注スケジュールも確認しましょう。

● RFP 作成、提案依頼

社内の検討内容をもとに、RFP（提案依頼書）を作成します。RFP の作成は重要な作業の１つです。詳細は次節で詳しく解説します。その後、リストアップした各制作会社の営業担当へ連絡をとり提案を依頼します。

● 事前打ち合わせ

RFP を制作会社へ送付し、各制作会社に対し個別に説明会を実施します。説明会では、主に RFP の説明、制作会社からの質問やヒアリングに対する回答を行います。

● 提案内容打ち合わせ、社内検討

各制作会社から提案内容をプレゼンしてもらい、プロジェクトチーム内で評価を行います。提案内容や見積もり金額に対して質問や交渉を行いながら発注先を選定していきましょう。特に制作会社から提案される見積もり内容と作業範囲については各社異なることもあるので、注意して確認していきましょう。

● 契約、プロジェクト開始

発注先が確定したら契約の手続きを進めます。契約書面の交渉も大事なポイントです。契約手続きと並行して、プロジェクト開始に向けた準備を進めましょう。

プラス１ 選定結果については、選定外となった制作会社を含め各社へ提案内容についての検討結果・評価をフィードバックしましょう。

イメージでつかもう！

制作会社選定の流れ

一般的な制作会社選定までの作業と検討内容は、以下のような流れで進みます。

	選定方針検討	RFP作成、提案依頼	事前打ち合わせ	提案打ち合わせ、社内検討	契約、プロジェクト開始
発注側企業	・選定方針 ・制作会社リストアップ	・RFP作成 ・提案依頼相談	・RFP説明	・提案・見積もり内容確認 ・評価・検討 ・提案修正依頼	・契約手続き ・キックオフ準備
制作会社		・RFP確認 ・提案準備	・ヒアリング実施 ・QA実施	・プレゼン実施 ・見積もり提示 ・提案修正	・契約手続き ・プロジェクト準備

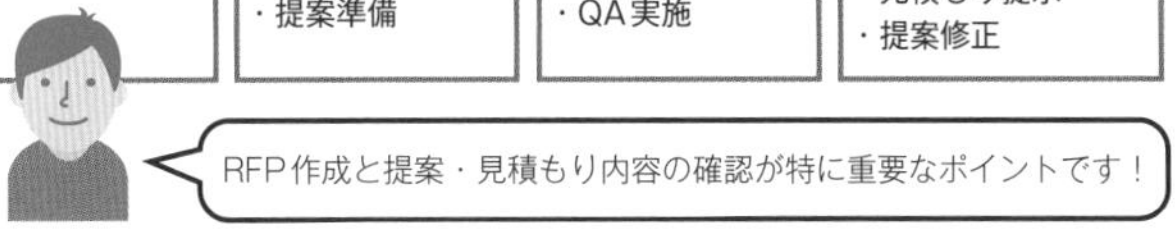
RFP作成と提案・見積もり内容の確認が特に重要なポイントです！

見積もり内容の確認ポイント

制作会社より提示される見積もり資料は、各社で項目立てが異なっていたり、見積もりの方式が異なっていたりする場合があります、よくある項目の見方についてご紹介します。

項目	内容	数量	工数	お見積り	備考
プロジェクト運営・進行管理	プロジェクト運用 進行管理・課題管理 定例参加	Xヶ月	2人月	¥X,XXX,XXX	
要件定義	コンセプト策定 デザイン方針策定 サイト構成・画面遷移図作成	Xヶ月	X.X人月	¥X,XXX,XXX	
個別画面設計・ワイヤ作成	要件定義（画面表示項目検討　他） 個別画面構成（ワイヤ）作成	XX画面	3.5人月	¥X,XXX,XXX	
デザイン作成	個別画面デザイン検討・制作	XX画面	X.X人月	¥X,XXX,XXX	
HTML制作・テスト	各画面HTML・CSS・JS制作 OS・ブラウザテスト、検証 HTML修正（提示後の修正）	70画面	X.X人月	¥X,XXX,XXX	
リリース	リリース計画作成 本番リリース作業 リリース後の画面確認	一式	X.X人月	¥X,XXX,XXX	
合計			X.X人月	¥X,XXX,XXX	

見積もり項目

各工程別に具体的な作業内容を記載するのが一般的です。提案書の内容とあわせて確認するようにしましょう。項目の内容が不明確な場合や、RFPに記載した要件が含まれていない場合は質問や指摘を行い、修正を依頼しましょう。

見積もり金額

見積もり金額の算出には大きく2パターンがあります。
・作業内容・数量から金額を算出する方式
・リソース（工数）の確保状況から算出する方式
制作会社によって違いが出やすい箇所ですので、比較をしながら確認しましょう。

関連用語　RFP ▶▶▶ P.40

04 RFP（提案依頼書）の書き方

RFP（Request for Proposal）とは、制作会社などから提案してもらう前に、発注する企業側が作成する**「提案依頼書」**と呼ばれる資料です。Webサイト制作の目的や、発注したい内容、制作会社への要望などを明確に記載していきます。RFPを作成することで、要件に沿った希望の提案をしてもらうことが効率的にできるようになります。

● 必要な項目と内容

右図のような項目でRFPを作成することで、制作会社への依頼内容が整理できます。プロジェクトによって規模や要件はさまざまなため、ポイントとして押さえておきましょう。また、RFPは社内向けにもさまざまなメリットがあります。

● 制作会社選定時の基準

複数の制作会社へ提案を依頼する場合は、**RFPを作成しておくことで同じ条件を明確に提示でき、各社からの提案・見積もり内容の比較がしやすくなります。**

● 社内の意見統一

例えば、提案依頼をした後に、他部署から追加要望が上がることがよくあります。他部署からの課題・要望をきちんとヒアリングしていなければ、のちのち要件変更などプロジェクトの進行の妨げになることもあります。**課題・要望が明確に記載されているRFPを社内にも共有しておけば、社内の意見も統一しやすくなります。**

● 稟議、取りまとめ

制作会社から提案・見積もりを受領後、承認をとるために決裁権のある上司や社長に稟議を上げる際にも重要になるのがRFPです。稟議の段階ではプロジェクトの全体像が見えづらい場合もあります。**具体的に要件を可視化することで、決裁者のイメージもわきやすくなります。**関係者の多いWebサイトの構築プロジェクトではRFPで要件を集約しておくことが重要です。

プラス1 社内のメンバーだけでRFPの作成を行うことが難しいと感じたら、取引実績のある制作会社などを中心にRFP作成のみを支援してもらう業務を発注することもよくあるケースです。

イメージでつかもう！

RFPへの記載内容と項目例

RFPへの記載内容の代表的な例は以下のようなものです。それぞれについて項目を策定していきます。

分類	内容	項目（例）
プロジェクトの概要	プロジェクトの基本となる重要な情報です。 社内の意思統一を図るうえでも明確に記載しておくことが大切です。	・プロジェクト名 ・対象の Web サイト ・コンセプト ・現状課題 ・納期 ・予算
会社概要	自社の事業内容やターゲットユーザー、競合情報も補足として記載します。	・会社基本情報 ・事業内容 ・ターゲットユーザー ・競合他社
要件・要望	Web サイトの掲載内容や制作要件について RFP 作成時点で決まっている内容を記載していきます。	・掲載コンテンツ ・運用対象コンテンツ ・デザイン要望 ・CMS 導入有無 ・対象デバイス ・アクセス解析要件 ・サーバー環境
提案依頼内容	制作会社に提案して欲しい項目を記載します。 細かく記載することで、各社の提案や見積書の比較もしやすくなります。	・スケジュール ・見積書 ・デザイン案 ・コンテンツ案 ・サイト構成・画面遷移 ・制作体制
その他	上記分類以外で、プロジェクト状況に応じて伝える必要がある内容を記載します。	・法務関連の要件 ・納品・支払い要件
スケジュール	提案に関するスケジュールについて明示します。	・提案提出期限 ・担当者連絡先 ・選定予定日

RFPとRFIの違い

RFPと似た言葉で「RFI（Request for Information）」というものがあります。RFIは「情報提供依頼書」と呼ばれる資料です。発注する企業側が提案を依頼しようとする制作会社などに対して、会社情報などのパンフレット、サービス内容を把握するためのカタログや事例集を提供してもらいます。RFIはあくまで情報収集が目的であることを押さえておきましょう。

関連用語　CMS ▶▶▶ P.78　UAT ▶▶▶ P.46

05 準委任契約、請負契約について

Webサイト構築時には、**発注側である企業と受注側である制作会社・開発会社との間で必ず契約手続きが発生します。**その際、契約書面の内容は要件に合わせて調整する必要があり、担当者は自社の法務部門と相談しながらリーガルチェックという、契約書面の内容についての妥当性やリスクのチェックを行うことが一般的です。

主な契約のパターンと実施時期について、基本的な内容を理解しておきましょう。

● NDA（秘密保持契約）

企業の機密情報を保護するための契約です。発注前であっても、企業側から提案依頼を行う際に提示するRFP（提案依頼書）や、ヒアリングを受けた際に回答する内容や資料に、外部に流出してはいけない情報が含まれる場合もあるので、情報開示前に締結します。

● 業務委託契約

発注時に取り交わす契約がこの「業務委託契約」ですが、業務内容や委託方法によって契約の種類が**「準委任契約」**と**「請負契約」**の2種類に分かれます。委託内容によって異なることを知っておきましょう。

- **準委任契約**：Webサイト構築では、**要件定義、設計、各種支援などの作業を委託する場合に主に締結する契約形態です。**作業プロセスを重視するため、納品という考え方がありません。企業側が依頼した業務を契約期間内に責任を持って遂行してもらうことが目的で、制作会社・開発会社からは専門家としての意見や成果物を提示してもらいます。
- **請負契約**：**準委任契約との大きな違いは「成果物」に対する責任が発生する点です。**Webサイトの要件が決まり、開発作業を実施する場合に締結する契約形態です。制作会社・開発会社からの納品物を発注側が検収し問題なければ完了となりますが、「契約不適合責任」があり、問題がある場合は契約書で定めた期間内であれば無償で対応する責任があります。

プラス1 「準委任契約」「請負契約」のどちらでプロジェクトを進めるかによって、企業側の担当者に求められる責任範囲が変わってくることに注意しましょう。

イメージでつかもう！

契約パターン

● 工程ごとに区切った契約パターン

工程ごとに契約を締結する方式を取り入れることで、要件定義や設計工程では準委任契約、仕様が決まったタイミングで開発工程の見積もり・請負契約といった進め方ができ、プロジェクト開始当初からの要件の追加や変更にも柔軟な対応がしやすくなります。

要件定義	設計	開発	テスト	UAT	運用
準委任契約	準委任契約 or 請負契約	請負契約	準委任契約 or 請負契約	準委任契約	準委任契約 or 請負契約

● 契約をまとめて実施する場合

小規模なサイトや、サイト内の一部改修作業時は要件の大幅な追加・変更リスクが少ないため、契約手続き面も踏まえて、一括で行う場合も多くあります。当初からの要件の追加や変更にも柔軟な対応がしやすくなります。

<table>
<tr><th>要件定義</th><th>設計</th><th>開発</th><th>テスト</th><th>UAT</th><th>運用</th></tr>
<tr><td colspan="5">準委任契約
or
請負契約</td><td>準委任契約
or
請負契約</td></tr>
</table>

契約締結までの流れ

担当者は自社の法務部門と調整しながらリーガルチェックを行い、交渉を進めます。
プロジェクトによっては契約締結までに数カ月かかる場合もありますので、交渉期間も考慮した準備を行いましょう。

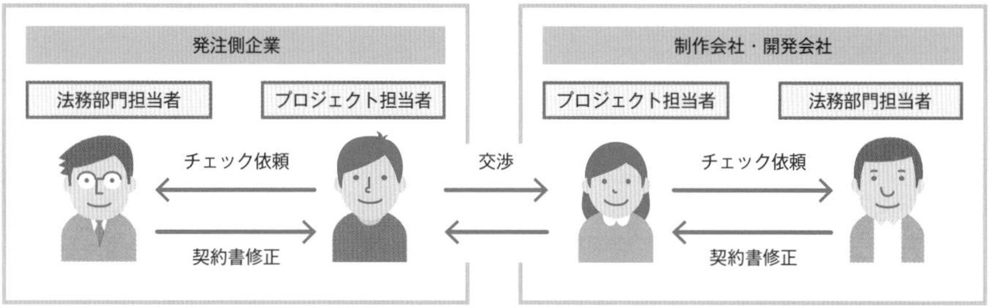
発注側企業
法務部門担当者
プロジェクト担当者
チェック依頼
契約書修正
交渉
制作会社・開発会社
プロジェクト担当者
法務部門担当者
チェック依頼
契約書修正

2020年4月から施行された改正民法

約120年間大幅な改正がなかった民法の債権関係の規定（契約等）が改正され、2020年4月に施行されました。請負契約では「瑕疵担保責任」（「契約不適合責任」に名称変更）に対する見直しがなされ、準委任契約では従来の「履行割合型」に加えて「成果報酬型」という新しい種類の契約が新設されるなどの違いがあります。Webサイト構築時の契約も関連してくる場合がありますので、ポイントとして押さえておきましょう。

関連用語　RFP ▶▶▶ P.40　UAT ▶▶▶ P.46

06 著作権、知的財産権について

Webサイト構築時に注意する点として、権利関係があります。Webサイトで特に問題になりやすいのが**「著作権」**です。掲載する写真や文章などそれぞれに著作権が発生していることが多く、詳しく知らずに無断使用してしまうと法令違反につながる可能性もあるため、基本的な内容について理解しておきましょう。

● 知的財産権の存在

著作権の他に、**知的財産権**という言葉もよく耳にしますが、別のものではなく著作権などの権利を包括した総称です。そのため、著作権以外にも気にしないといけない権利が複数あります。まずは右図の知的財産権の種類と内容を理解しましょう。

● 著作権の具体的な注意点

写真やイラスト、映像や音楽などの著作物は、原則的に著作者の許可なく無断で使用することはできません。Webサイト構築時に使用する、**写真、イラスト、原稿、ワイヤーフレーム、デザインデータなどについても著作物として扱われる場合が多く、制作した時点で自然発生的に著作権が発生します。**

例えば、Webサイトのトップページに掲載する画像として制作会社より納品されたものを他のプロモーションで使用したいと考えて、紙媒体やバナー画像に使用するために画像編集や加工を勝手に行うと、著作権侵害となり問題になることがあります。

著作権は制作会社や画像素材を提供している会社にある場合が多いため、自社サイトに掲載しているからといって自由に使用できないことがあります。

● 制作会社や開発会社との契約時に確認

納品されたデザインを改変する作業時に必要な元データなどの著作権は、制作した制作会社に基本的に帰属します。**発注側である企業はそのデザインの使用について許可を得るか、またはその使用に関する著作権を譲り受ける必要がある**ため、契約時に著作権の所在を確認しておきましょう。

プラス1 プロジェクトによって、知的財産権として発生する成果物はさまざまです。契約時に所在を取り決める際は、あわせて成果物のイメージもすりあわせておきましょう。

イメージでつかもう！

知的財産権の種類と保護・規制内容

知的財産権ではさまざまな権利、規制が定められています。Webサイトの開発に関連するものとして、著作権以外に、商標権、2020年に改正された意匠法により意匠権にも注目が集まっています。

知的創造物	特許権	発明を保護
	実用新案権	物品の形状等の考案を保護
	意匠権	物品、建築物、画像のデザインを保護
	著作権	文芸、学術、美術、音楽、プログラム等の精神的作品を保護
	回路配置利用権	半導体集積回路の回路配置の利用を保護
	育成者権	植物の新品種を保護
	営業秘密	ノウハウや顧客リストの盗用など不正競争行為を規制
営業上の標識	商標権	商品名・サービスを利用するマークを保護
	商号	商号を保護
	商品等表示	周知・著名な商標等の不正使用を規制
	地理的表示	品質・社会的評価その他の確立した特性が産地と結びついている産品の名称を保護

引用元：特許庁ホームページ「知的財産権について」
https://www.jpo.go.jp/system/patent/gaiyo/seidogaiyo/chizai02.html

知的財産権の具体例

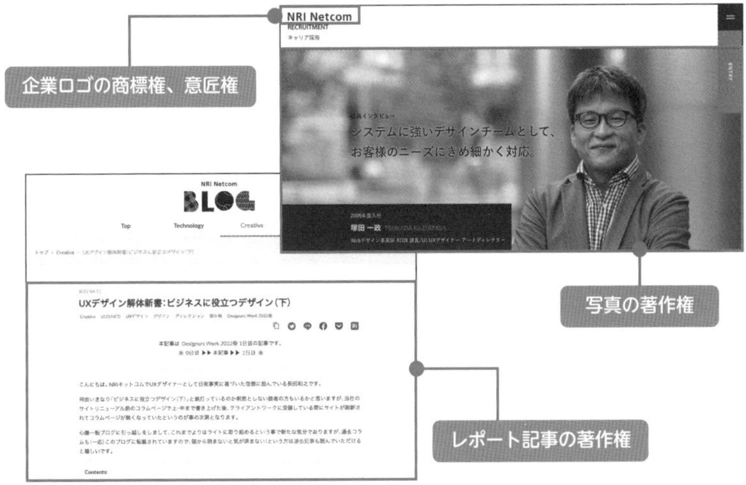
企業ロゴの商標権、意匠権
NRI Netcom
RECRUITMENT
キャリア採用
システムに強いデザインチームとして、
お客様のニーズにきめ細かく対応。
写真の著作権
NRI Netcom
BLOG
Top
Technology
Creative
UXデザイン解体新書：ビジネスに役立つデザイン（下）
レポート記事の著作権

関連用語 ワイヤーフレーム ▶▶▶ P.114

07 プロジェクトの流れ

プロジェクトを開始する場合、多くのタスクが発生するため、タスクごとにスケジュールを組み立てて実施します。また、各タスクの成果物についてあらかじめ定義し、プロジェクト内で認識を合わせながら進めます。

ここでは一般的なサイト構築について、全体の流れをつかみましょう。

● 要件定義

Webサイトの目的・開発方法・ユーザーとの接点などコンセプトに関する検討と、スケジュール・予算・範囲・構築環境など条件面の検討を行う重要なフェーズです。後続タスクへの影響が大きいため、検討結果は**要件定義書**としてまとめておきます。

● 設計

要件定義の結果をもとに、**Webサイトの構造や主要デザイン**を策定します。設計タスクもWebサイトの具体的な内容を検討する重要なフェーズです。課題が発生した場合は、要件定義の検討結果を確認しながら進めることがポイントです。

● 開発・テスト

要件定義・設計の結果をもとに**開発・コーディング作業**を外部の制作会社、開発会社へ発注します。大規模サイトの場合、複数の外注先とやり取りしながら進めるケースが多く、発注側企業のプロジェクト推進・管理体制がポイントとなります。

● UAT（User Acceptance Test、ユーザー受け入れテスト）

制作会社から納品されたWebサイトに対して、**発注側企業で実施する検証タスク**です。検証観点は多く、適切な確認項目を策定し実施することがポイントです。

● 公開・運用

公開に向けた各テスト・準備が完了し、社内承認手続きが完了したら、Webサイトの公開・運用を開始します。

プラス1　リニューアルのプロジェクトの場合は旧サイトからの移行作業もあわせて実施する必要があります。リリース計画の他に移行計画として定めておきましょう。

イメージでつかもう！

プロジェクトの流れ（例）

タスク＼期間（月）	1	2	3	4	5	6	7	8	9	10	11
要件定義	コンセプト検討／条件検討										
設計				サイト構造デザイン策定							
開発						コンテンツ作成 CMS 開発					
テスト								計画	テスト		
UAT									計画	UAT	
公開・運用										計画	公開・運用

CMS：Contents Management System 、UAT：User Acceptance Test

各タスクの内容とドキュメント例

タスク	内容	ドキュメント例
要件定義	ターゲットの検討／コンテンツ・機能の検討、整理／新業務フローの整理／関連システムへの影響洗い出し	要件定義書
設計	画面構成、グラフィックデザイン／ CMS テンプレート化範囲の検討／コンテンツ運用設計	サイトマップ／ワイヤーフレーム／デザイン
開発	コンテンツ作成／モックアップ作成／ CMS テンプレート開発	スタイルガイド／詳細設計書
テスト	Web サイト内の遷移、掲載内容の確認／外部システムとの連結テスト／ブラウザごとの表示確認	テスト計画書／テスト結果報告書
UAT	UAT 環境にて、動作・掲載内容の確認を実施	UAT 計画書／運用マニュアル
公開	リリース計画書作成／本番環境へリリースを実施	リリース計画書

関連用語 コーディング ▶▶▶ P.144　CMS ▶▶▶ P.78

08 コミュニケーションルールを考える

プロジェクトの立ち上げに向けて、発注先の制作会社・開発会社の選定が無事終わったら、次はコミュニケーションルールを考えていきましょう。

プロジェクトを成功させるには、適切なコミュニケーションを行いながら進行することが重要です。どのような点を考えていけばよいでしょうか。解説していきます。

● 会議体と、窓口となる担当者を決める

最初に**会議体**について検討しましょう。中〜大規模サイトの構築プロジェクトでは、複数の制作会社・開発会社に発注しプロジェクトを進めるケースがほとんどです。各社が策定するスケジュールをまとめ、特にいくつか会社をまたいだ横断的な会議の開催は調整に時間がかかるケースが多いので、必要に応じた会議体を計画段階である程度決めておきましょう。また、各社の実作業を進める担当者も早い段階で選定してもらい、人柄や能力を押さえて意見の出やすい関係を作りましょう。

● コミュニケーション手段を決める

会議体の検討とあわせて、プロジェクトで共通的に利用する**コミュニケーション手段**のルールを決めましょう。メールのやり取りを中心に進めるプロジェクトであれば、メールの件名や報告資料を添付する際のルール、プロジェクト管理ツールを中心に進めるプロジェクトであれば、メッセージ共有機能やスケジュール共有機能の利用ルールなど基本的なルールを定義します。

● 進捗・品質が確認しづらい場合はルールの見直しを

プロジェクトを進めていく中で気をつけるポイントは、**進捗の遅れがあった場合や追加検討や仕様変更など課題が発生した場合にすぐにわかる状態になっているか、**という点です。キャッチアップが遅れるとプロジェクト全体に影響が出るので、プロジェクトを進めながら会議体の追加や、コミュニケーション手段の具体的な使用ルールを決めていきましょう。

イメージでつかもう！

会議体と、窓口となる担当者を決める

工程ごとに必要な担当者を選定し、会議体を決めます。代表的な会議体としては以下のようなものがあります。

マネージャー定例	各社マネージャーが進捗・課題状況の報告と対策について議論
要件検討WG（機能別）	提示している要件に対して機能ごとに詳細検討を実施
システムWG	要件検討を受け、開発観点の設計を実施
デザインWG	要件検討を受け、UI・UXなどのデザイン・情報設計を実施
課題確認会	開発以降、テスト、UAT実施時に発生した課題について対応を検討
移行WG	リリースに向けた具体的な手順やスケジュール計画を検討

※ WG：ワーキンググループ　UAT：ユーザー受け入れテスト

コミュニケーション手段

プロジェクト管理ツールが発注側企業にも浸透してきたため、制作会社内だけでの利用ではなく発注側企業と制作会社の間でやり取りするのにも導入するケースが増えています.

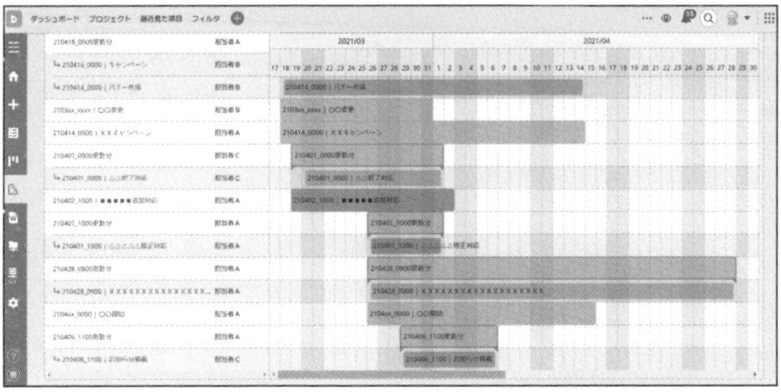
ダッシュボード　プロジェクト　最近見た課題　フィルタ
2021/03
2021/04

ダッシュボード　プロジェクト　最近見た課題　フィルタ

■Backlog（プロジェクト管理ツール）

共有すべき課題・スケジュールの管理や、ファイルの共有ができる。
担当者を割りあてられるので、タスクの抜け漏れを防げる。

09 社内承認フローを考える

プロジェクト全体の流れ、社内体制、制作会社・開発会社との役割分担も整備できてくると、いよいよキックオフに向けてプロジェクトが進み始めます。

プロジェクトを進行するうえで、スケジュールを守れるかは大事なポイントですが、**スケジュールを組み立てる際に社内の承認フローも考えておきましょう。**

● 制作会社・開発会社は社内の承認スケジュールがわからない

要件定義、設計、開発、テストなどの各工程の詳細なスケジュールは、一般的には社内の検討チームから大まかな期間の要望を提示した後、制作会社・開発会社が詳細なスケジュールを作成し、そのスケジュールに沿って活動を進めます。

しかし、提示されるスケジュールには、**社内の承認期間が考慮されていないこと**が多くあります。例えば、各工程の完了時に社内の経営層へ報告し、承認を受けるまでの期間です。他にも、素材や原稿の作成を主管部署では対応できないコンテンツの場合、他部門に依頼するため準備に時間がかかるケースや、Webサイトが広告宣伝物として社内で取り扱われる場合は、コンプライアンス部門で広告審査と呼ばれる審査が必要になることもあります。また、Webサービスを新しく立ち上げる場合には、規約などの内容を法務部門で確認する必要もあります。

社内検討チームでは、これらの**社内承認が必要なタスク、承認フローを事前に洗い出し、プロジェクトの全体スケジュールに反映させる必要があります。**

● 重要プロジェクトはステコミの開催が有効

ステコミはステアリング・コミッティの略で、運営委員会とも訳されます。主に**規模が大きいプロジェクトや重要度の高いプロジェクトにおいて、経営層や他部門のマネージャーなどが中心となって構成される会議体**です。

月1回開催など定期的に行い、社内検討チームのプロジェクトリーダー、制作会社・開発会社のプロジェクトリーダーがステコミに対して、現場だけでは意志決定が難しい課題の判断を仰いだり、プロジェクトの状況を報告したりすることで、意思決定を円滑に進めることができます。

プラス1　経営層や法務部門からの承認は時間がかかることが多いため、スケジュールに余裕を持って実施しましょう。また、承認が下りなかった際の再承認の流れも事前に確認しておきましょう。

イメージでつかもう！

社内の承認フロー・スケジュールを考える

社内検討チームの他に関係する承認先、タスクを洗い出して、承認フロー・スケジュールを組み立てていきましょう。

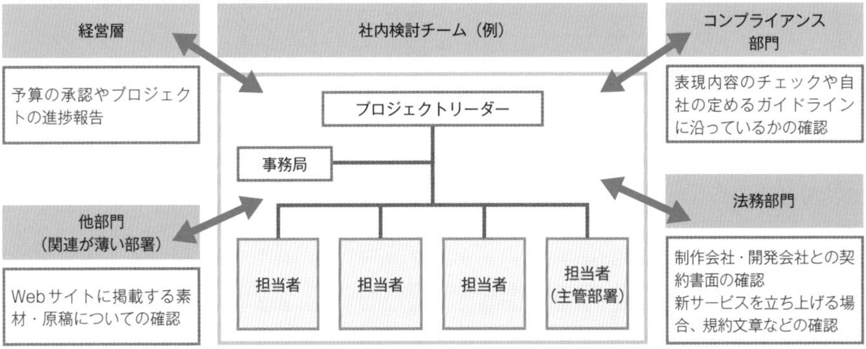
経営層
予算の承認やプロジェクトの進捗報告
他部門（関連が薄い部署）
Webサイトに掲載する素材・原稿についての確認
社内検討チーム（例）
プロジェクトリーダー
事務局
担当者
担当者
担当者
担当者（主管部署）
コンプライアンス部門
表現内容のチェックや自社の定めるガイドラインに沿っているかの確認
法務部門
制作会社・開発会社との契約書面の確認
新サービスを立ち上げる場合、規約文章などの確認

ステコミの開催も有効な手段

規模が大きいプロジェクトや重要度の高いプロジェクトでは、意思決定を円滑に進めるためにステコミの開催計画も準備段階で検討しましょう。

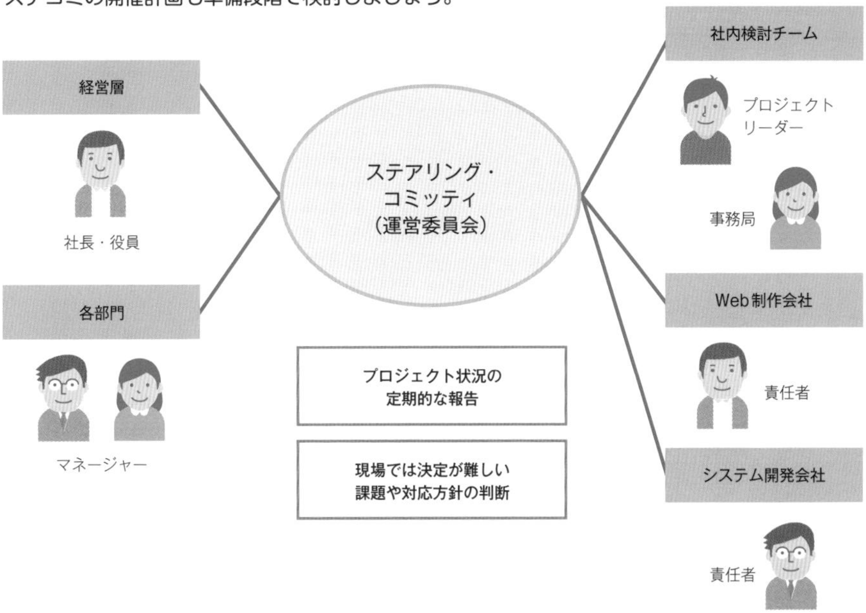
経営層
社長・役員
各部門
マネージャー
ステアリング・コミッティ（運営委員会）
プロジェクト状況の定期的な報告
現場では決定が難しい課題や対応方針の判断
社内検討チーム
プロジェクトリーダー
事務局
Web制作会社
責任者
システム開発会社
責任者

関連用語 プロジェクトリーダー ▶▶▶ P.36

10 ウォーターフォール、アジャイルって何？

Webサイト構築の全体の流れを知るうえで、理解したいのが**「ウォーターフォール開発」「アジャイル開発」**の2つの開発方法です。進め方がまったく違うので、基本的な流れや工程が大きく異なります。この2つの進め方の特徴を把握しましょう。

● ウォーターフォール開発とは

規模が大きなWebサイト構築プロジェクトで使われることが多い開発方法です。要件に対して、**要件定義→設計→開発→テストの各工程を段階的に完了させる**ことが特徴です。また、はじめにプロジェクト全体の要件定義・設計を行って機能を固めるため、予算や体制の計画が立てやすいのも特徴の1つといえます。

デメリットとしては、プロジェクト前半の要件定義・設計工程で、全体の開発内容を完了させることが必要となります。開発途中で要件や設計変更が発生すると、追加のコストや、スケジュールの見直しが必要になる場合があります。

また、ウォーターフォール開発の場合は、開発を委託する制作会社と請負契約を結ぶのが一般的です。請負契約は受注側が納品物に対して責任を負う契約形態です。

● アジャイル開発とは

小～中規模のプロジェクトで、納期までの期間が短く、開発途中の要件や設計変更にも柔軟に対応できる開発方法です。**要件定義→設計→開発→テストの各工程を機能単位の小さなサイクルで繰り返し完了させていく**のが特徴です。

アジャイル開発では全体の要件定義・設計は完了させず、優先度の高い重要な機能から着手し、素早くWebサイトを立ち上げてから次の機能を追加していきます。顧客要望に素早く対応することを重視した開発方法といえます。

デメリットとしては、Webサイト全体の要件が決まっていない段階で着手するため、発注段階では予算の総額を試算することが難しく、要件ごとにスケジュールを計画するため、全体の体制をコントロールすることが難しい傾向にあります。

また、アジャイル開発の場合、開発を委託する制作会社と**「ラボ型契約」と呼ばれる準委任契約**を結ぶのが一般的です。人材を期間で契約する契約形態です。

開発工程の進め方の違い

● ウォーターフォール開発の進め方

ウォーターフォール開発では各工程を段階的に完了させます。
工程ごとに契約を締結するため、体制について工程ごとに担当者が異なる場合が多いです。

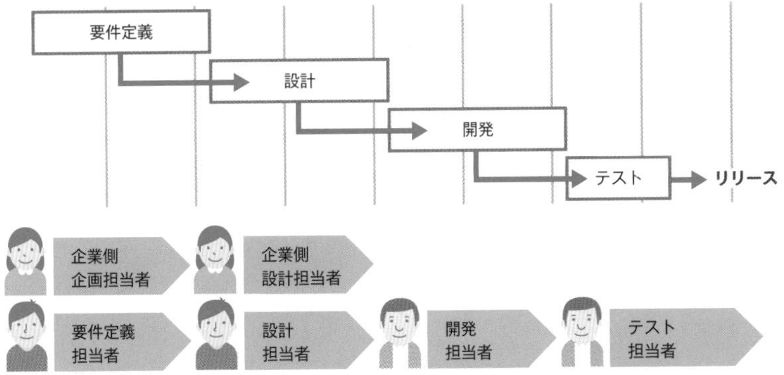
要件定義
設計
開発
テスト
リリース
企業側
企画担当者
企業側
設計担当者
要件定義
担当者
設計
担当者
開発
担当者
テスト
担当者

● アジャイル開発の進め方

アジャイル開発では各工程を機能単位の小さなサイクルで繰り返し完了させていきます。
短期間ですべての工程を実施するため、常に同じ担当者が各自コミュニケーションを取りながら開発を進めていきます。

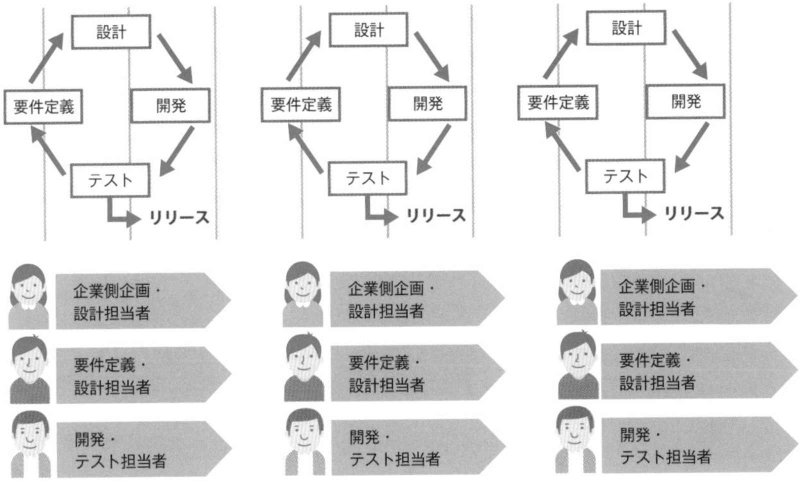
設計
要件定義
開発
テスト
リリース
企業側企画・
設計担当者
要件定義・
設計担当者
開発・
テスト担当者

COLUMN

テレワーク時代のコミュニケーションルール

2020年に発生した新型コロナウイルスの影響で、テレワークが急速に普及しました。Web業界では普段からインターネット環境やクラウドツールを活用している方が多いため、テレワークを実施する環境は整いやすく、多くの企業・制作会社ではテレワークの導入が進んでいます。ただし発注側企業のテレワーク導入状況は業種によってさまざまです。セキュリティや情報漏えいの観点から会社としてテレワーク環境の整備が難しく、これまでと変わらない働き方や、テレワークを実施できても、ある程度出社の必要があり、一部テレワークという対応をとっている企業も多くあります。

テレワークの対応状況が各社異なる状況で、円滑にプロジェクトを進行するためには、例えば出社していても対面の打ち合わせ開催ではなく、リモート会議開催などテレワークに対応した進行を行っていく必要があります。

• 進捗状況の管理やコミュニケーションは、なるべくオープンな状態に

テレワークが導入されることで、進捗状況や課題についての確認方法にも影響を与えます。以前のように対面で集まり説明する機会が減るため、常に状況が確認できるオープンな状態が大事だと考えています。

週次でまとめる報告書は簡易なものとして、日々の作業や課題について細かく記載し、ガントチャートなどで進捗状況をオープンにして進行することで、チーム内や役割の違うメンバーが各自の観点で確認できるようになります。

また、プロジェクト内の日々のコミュニケーションはメールやチャットが中心になります。これも今までも使用してきたツールですが、頻度が大きく増え、会社間やプロジェクトによって複数のチャットツールを使用することもあります。慣れてくると書く文面も簡易なものになりがちですが、メンバーの様子や表情を確認する機会が少ないため、とりわけ関係者が多く参加しているチャットでは、ちょっとした報告でも情報共有の意味も込めて丁寧に記載する心がけが大事だと思います。

Chapter

3

Webサイトの目的を考える

本章では、Webサイトの目的を考えることの重要性、Webサイトの目的を整理するためには、何をどんな順番で整理する必要があるのか、について解説します。

01 Webサイトの目的を整理する

Web サイトを制作・運営するのであれば、必ず**「目的」**が必要です。では、その「目的」はどのように整理すればよいのでしょうか。

● 企業の Web サイトであるなら、企業の役に立たなければ意味が無い

非常にあたり前のことなのですが、**企業として Web サイトを制作・運営するのであれば、そのサイトは企業価値の向上に貢献することが求められます。**

EC サイトなら商品購買数を増やす、クレジットサイトであればクレジットカードの新規申込者の獲得といったように、企業の売上・利益に直接貢献できる場合は想像しやすいと思います。では、コーポレートサイトや企業内利用の Web サイトの場合はどうでしょう。

例えばコーポレートサイトであれば、企業の経営理念や事業内容を理解してもらうことで入社希望者を獲得することが挙げられます。質の高い社員が増えれば企業の価値を高めることに貢献できるでしょう。企業内利用の Web サイトであれば、社員が欲しい情報に迷わずたどり着けることや各種申請を簡単に素早く実行できることで、無駄な時間を削減でき、労働環境改善や社員満足度の向上に貢献できます。

● Web サイトの目的はどのように整理すればよい？

Web サイトは UX の中でユーザーが接触する 1 つの媒体（チャネル）でしかありません。ユーザーは Web サイトを訪れる前に他のチャネルに接触しているかもしれませんし、Web サイトの後に他チャネルに接触するかもしれませんが、そのような一連の体験をもってサービス（それを提供している企業）を評価します。**Web サイトの目的を決めるためには、ユーザーがどのチャネルに接触して一連の行動を終えるのかを把握し、その中で Web サイトはどのように振る舞うべきなのかを考える必要があります。**一方で、企業価値向上への貢献を考えると、どんなユーザーであれば貢献してくれるのか、どんなユーザーに一連の行動をとって欲しいのかを考えることも必要です。右図に整理すべき項目と順番を記載しています。以降の節ではそれぞれについてご説明します。

プラス 1 UX とは、商品やサービスについて、認知してから購入や共有などに至るまでの一連の行動における体験のことです。

イメージでつかもう！

Webサイトの目的整理に必要な項目と検討ステップ

ステップごとに関係者間で合意していくことが重要です。

1 ビジネスゴール・ミッションは？

Webサイトに課せられたミッションと自社のビジネスにおけるゴールが何であるかを中長期的な経営方針なども加味して具体化する。

2 ターゲットにすべきユーザーは？

①で決定した内容に即したユーザーがどんな属性のユーザーであるかを決定する。

3 そのユーザーとは具体的にどんな人？

②で決定したユーザー層（属性）に合致する人物像を設計する（ペルソナを作成する）。

4 そのユーザーの一連の行動は？

③で作成したペルソナをもとにユーザーの一連の行動や感情（カスタマージャーニーマップ）を作成する。

5 Webサイトに求められる役割（目的）は？

④で作成したカスタマージャーニーマップからWebサイトに求められる役割を洗い出す。

ビジネスゴール・ミッションから順に整理していくことで、関係者間の意識のずれを無くしながら、企業価値の向上に貢献できるWebサイトの目的を把握することができます。

関連用語
UX ▶▶▶ P.24　コーポレートサイト ▶▶▶ P.14　EC サイト ▶▶▶ P.14
企業内利用の Web サイト ▶▶▶ P.14　チャネル ▶▶▶ P.90

02 ビジネスゴールを考える

前節でもお話ししたとおり、企業のWebサイトであるならば企業の役に立たなければ意味がありません。あなたが自社サイトのWeb担当であるならば、Webサイトを自社に役立てるにはどうしたらよいでしょうか。

● Webサイトのビジネスゴールを考える

まずは**Webサイトに課せられたミッションと自社のビジネスにおけるゴール**が何であるかを整理しましょう。Webサイトの種別がECサイトであるならば、Webという販売チャネルにマッチした顧客を開拓して売上を上げることが考えられます。企業内利用のWebサイトであれば、社員の業務効率を上げ社内コストを削減することが考えられます。他にも、製品を紹介するサイトであれば、見込み顧客を開拓してリアルの営業に情報を引き渡すことで購買につなげることかもしれません。

大切なのは「売上・利益に貢献する」ということだけでなく、「○○をして売上・利益に貢献する」のように、より具体的な言葉にすることです。漠然と「売上・利益に貢献する」だけでは、その先にどうすればよいのかが見えなくなったり、意思決定のよりどころになる考えがあいまいになったりして、メンバーからのさまざまな意見をまとめることができなくなります。

● 中長期的な経営方針・戦略と一緒に検討する

企業であれば、中長期的な経営方針や戦略があるはずです。例えばBtoC企業であれば5年後までに若年層を積極的に獲得し、ある製品カテゴリーの売上構成比率を○○%まで伸ばす。BtoB企業であれば既存顧客企業との関係をより深めてより多くの製品購買につなげ、既存顧客売上の○○%増を狙う、といった具合です。

ここで重要なのは、**自社として今後どのようなユーザー層（属性）を狙っていくべきかを見つける**ことです。狙うべきユーザー層がわかれば、Webサイトで達成すべきビジネスゴールが「○○なユーザー層に○○をして売上・利益に貢献する」という具体性を持った内容になります。そして、この具体的なゴールを関係者間で合意できれば、次のステップに進むことが可能になります。

イメージでつかもう！

中長期的な経営方針・戦略からWebサイトのビジネスゴールを考える

例）BtoC小売業界企業の中期経営方針のイメージ

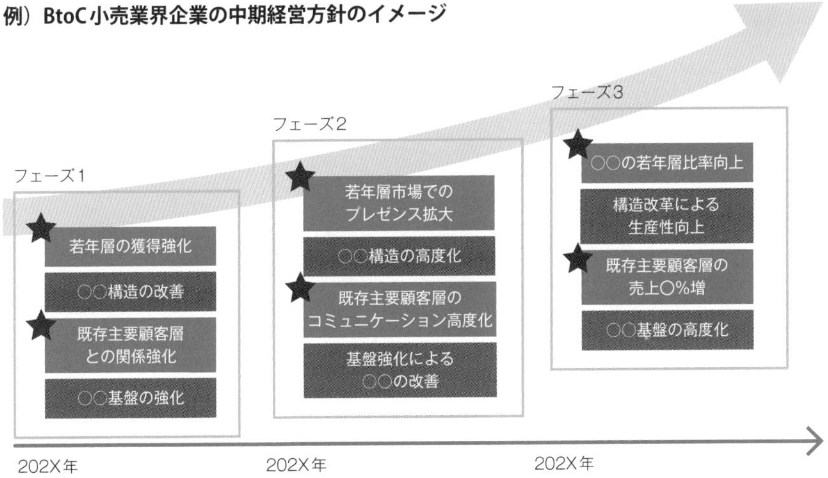

フェーズ1
若年層の獲得強化
○○構造の改善
既存主要顧客層との関係強化
○○基盤の強化
フェーズ2
若年層市場でのプレゼンス拡大
○○構造の高度化
既存主要顧客層のコミュニケーション高度化
基盤強化による○○の改善
フェーズ3
○○の若年層比率向上
構造改革による生産性向上
既存主要顧客層の売上○%増
○○基盤の高度化
202X年
202X年
202X年

自社の中長期的な経営方針からWebサイトに合致する項目をピックアップ。経営方針と同じ方向に立ち、今後Webサイトで狙うべきユーザー層を見つけます。

Webサイトのビジネスゴール

既存顧客は主要顧客層との接点を強化し製品購入頻度を向上させ売上に貢献する。

新規顧客は若年層を中心に認知を拡大し製品を訴求、実店舗での売上に貢献する。

経営方針・戦略からピックアップした項目を材料に具体的なビジネスゴールを検討することで、今後Webサイトでターゲットにすべきユーザー層を明確化できます。

関連用語 チャネル ▶▶▶ P.90

03 ターゲットユーザーを考える

前節ではWebサイトのビジネスゴールを考え、

- 既存顧客は主要顧客層との接点を強化し製品購入頻度を向上させ売上に貢献する
- 新規顧客は若年層を中心に認知を拡大し製品を訴求、実店舗での売上に貢献する

をゴール例として挙げました。では、「既存の主要顧客層」「若年層の新規顧客」のユーザーは具体的にどのような属性の人たちでしょうか。

● ターゲットユーザーの属性

ユーザーの属性としては、**年齢、居住地域、職種、収入、興味・関心など**が挙げられます。このような属性を絞り込むことで、この後のペルソナ作成に役立てることができます。「既存の主要顧客層」の場合は、すでに自社に蓄積されているマーケティングデータからメインとなる属性を見つけることが可能です。例えば、「30～40代あたりの会社員、年収400万～600万円程度」「40～50代あたりの主婦層」といったものです。BtoB事業でも、ユーザーの属性として、会社の規模、地域、業種などがあるはずです。「若年層の新規顧客」の場合は、自社の経営戦略から、若年層を狙う結論に至った理由を入手しましょう。そうすることで、若年層とは具体的にどのような属性を指しているのかがわかります。例えば、「18歳以上、学生、○○カテゴリー製品の利用経験なし」や「25歳くらいまでの社会人、一人暮らし」などです。

● 注意点

ターゲットとなるユーザーの属性を1種類に限る必要はありません。既存の主要顧客であっても同じくらいの割合で2種類見つかることもありますし、訴求したい製品やサービスの違いで異なることもあります。ただし、ターゲットユーザー属性が多いと、この後のペルソナ作成において、ユーザーインタビューのボリュームが膨らんでしまううえ、作成するペルソナの数が多くなり、費用、期間が多く必要になりますので注意が必要です。もう1点、重要なのは、**洗い出したターゲットユーザーの属性は必ず社内で合意する**ことです。次の工程に進んだ後で、ユーザー属性がそもそも違う、となった場合、手戻りが非常に大きくなるためです。

イメージでつかもう！

ターゲットユーザーを考える

Webサイトのビジネスゴール

既存顧客は主要顧客層との接点を強化し製品購入頻度を向上させ、売上に貢献する。

新規顧客は若年層を中心に認知を拡大し製品を訴求、実店舗での売上に貢献する。

既存顧客は、自社に蓄積されているマーケティングデータからメインとなる属性を見つけよう。

新規顧客は、若年層を狙う結論に至った理由を社内ヒアリングしよう。

ユーザー属性

年齢　性別　収入　興味・関心　学歴

居住地域　職種　業界　家族構成　利用歴

など

ターゲットユーザーのユーザー属性

製品A	30 ~ 40代あたりの会社員、年収400万~ 600万円程度
製品B	40 ~ 50代あたりの主婦層
製品C	18歳以上、学生、○○カテゴリー製品の利用経験なし
製品D	25歳くらいまでの社会人、一人暮らし

洗い出したターゲットユーザーの属性は必ず社内で合意しましょう。

04 ペルソナを作る

ペルソナとは、製品やサービスのターゲットユーザーを詳細化して、架空の人物に置き換えたものです。例えば、「30～40代あたりの会社員、年収400万～600万円程度」や「18歳以上、学生、○○カテゴリー製品の利用経験なし」といったターゲットについて、典型的な人物像を作り上げることで、その人物の思考や行動が想像できるようになるため、UXにおける一連の体験を設計しやすくなります。

● ターゲットユーザーの情報を集める

ペルソナは架空の人物ですが、ターゲットの中の典型的な人物像である必要があります。想像のままに人物像を作っても説得力がなく、「こんな人、本当にいるの？」となってしまうため、最初に行うことはペルソナのもとになる情報を収集することです。

情報収集は、①**ユーザーインタビューをする、**②**ユーザーを知っている人から情報をもらう、**③**調査会社のアンケートなどで調べる、**といった手段があります。

①のユーザーインタビューは、ターゲットの属性に合致したユーザーを複数人集めて質問に回答してもらうかたちで意見を集める手法で、情報の信頼性は①～③の中で最も高くなります。情報の信頼性は②、③の順で低くなります。プロジェクトによっては、調査に使う費用の捻出が難しい場合があるかもしれませんが、その場合でも、知り合いや友人に聞いてみるなど、何かしらの情報を集められるように努力しましょう。

● ペルソナを作り上げる

情報収集した後は、その情報の中から共通点を見つけてペルソナの人物像を作っていきます。ペルソナは、一人の人物ですので、名前、年齢、性別、職種、趣味などを具体的に決め、製品やサービスに関連した日常の過ごし方、その人物が達成したいゴールを記載していきます。その他のポイントとして、**ペルソナを具体的な人物像にするために必ず写真を使うこと、また、その人物の雰囲気や性格を表すために、その人が言いそうな一言を記載してください。**

プラス1　ユーザーインタビューの中でも、1対1でインタビューする調査手法を「デプスインタビュー」と言い、ペルソナ作成に適した方法として一般的です。

イメージでつかもう！

ペルソナを作る

例）不動産業界企業のターゲットユーザーのペルソナ

それって、もう少し効率的にやる方法ないですかね

ペルソナがよく言う言葉を記載。性格を表す

氏名：中沢 康一（なかざわ こういち）
年齢：32歳
職業：会社員
住まい：神奈川県横浜市港南区（2DKの賃貸アパート）
家族構成：妻、長男3歳、長女1歳
年収：600万円
貯金：1000万円
車：トヨタ シエンタ
趣味：ランニング、ラーメン屋めぐり

名前、年齢なども細かく設定

写真を使うことでペルソナに命が宿る

ユーザーインタビューなどで収集した情報から、製品やサービスに関連した日常の過ごし方、想いを記載

【基本情報】

新宿のスポーツ系アパレルメーカーで勤務。マーケティング部門の副主任として、責任のある仕事も多く任されるようになった。残業は月30～40時間ほど。もともと効率的に物事を進めたい性格であるのと、現在の仕事量もあって、業務効率化は常に目指している。

会社までは最寄り駅までの徒歩10分、電車40分、降りてから10分の合計1時間でかよっている。電車ではスマホでニュースやSNSをチェックしたりYouTubeで動画を見ている。最近は家探しのため物件情報サイトも見ている。SNSはLINEを家族・友人とのコミュニケーション手段として使っている。他にFacebook、インスタグラムのアカウントを持っているが投稿はほぼせず、見る専門。

自宅の徒歩圏内に駅前商店街があり八百屋や肉屋が揃っている他、スーパーも2件あるため、便利で居住環境として気に入っている。休日の買い物は自分の役割になっており、野菜や肉などなるべく安いものを買うように心がけている。

実家が一軒家だったため、マンションではなく音を気にする必要のない一軒家に住みたい。子供たちにも気を使うことなく家の中で遊ばせてあげたいと思っている。長男が3歳になり動きも活発になってきたため、現在のアパートでは音を気にする必要があるため早めに引っ越したい。一軒家に住みたいが、毎日の通勤を考えると駅徒歩15分以内は確保したい。建売住宅でもいい。

いくつかの住宅情報サイトはチェックしているが、同じ物件の情報も多く、少しストレスを感じている。

気になった物件はすでに3つ見学したが、決定にはいたらなかった。家は曜日（平日・休日）、時間（朝、昼、夕）などによって周辺環境が変わるということは知っているのだが、基本は休日しか物件見学できないため不安に思っている。

【課題】

平日やいろいろな時間帯で物件見学をしたいが、仕事の関係で難しい。

課題に思っていることを記載

【ゴール】

長男の小学校入学までに4000万円台で一軒家を探したい。
住む場所、家を決めて落ち着きたい。

ゴールは達成基準のあるものと、気持ち面のものを記載

関連用語　UX ▶▶▶ P.24　ターゲットユーザー ▶▶▶ P.60

05 カスタマージャーニーを考える

カスタマージャーニーとは、ユーザーが製品やサービスを認知してから、関心を持ち、比較、検討などを経て、購入などのコンバージョンに至るまでの一連の行動のことを言います。また、その一連の行動を可視化して表したものを**カスタマージャーニーマップ**と呼びます。カスタマージャーニーを考える際は、アウトプットとしてカスタマージャーニーマップを作成することが一般的です。

● カスタマージャーニーマップを作る

カスタマージャーニーマップを作成するのに重要な情報がペルソナです。ビジネスゴール、ターゲットユーザーを考えてから作成したペルソナは企業が追うべき代表的なユーザー像ですから、ペルソナの一連の行動を可視化することで、**ユーザーがどのステージ（認知、興味・関心、比較・検討、購入など）で、どのチャネル（Web、店舗、広告、テレビ、SNSなど）と接点を持ち、どんな感情・考えであったのか**を把握することができます。カスタマージャーニーマップの作り方はさまざまありますが、考えるべき項目は主に、

- シナリオ（ゴール）を考える
- ユーザーが各ステージでどのような行動をとり、何のチャネルと接点（タッチポイント）を持つのかを考える
- どんな感情・考えであったか、どんな課題があるかを考える
- ユーザーが次のステージに行くには、どのようなコンテンツがあればよいかを考える

となります。

カスタマージャーニーマップを作ると、ユーザーが一連の行動の中でさまざまなチャネルと接点を持っていることがわかります。企業ではチャネルごとに担当が分かれており、自担当の役割だけを意識してしまうことがありますが、カスタマージャーニーマップによって、各チャネルがどのような役割を担っているのか、自担当のチャネルとどのようにつながっているのか、といったことを意識できるようになり、各担当者間でも共通認識を持てるため、全体で同じ方向を向くことが可能になります。

プラス1 シナリオは、誰が、どこで、何をしたか（その結果どのような気持ちになったか）を決めます。UXはポジティブな体験にする必要があるため、必ず成功シナリオにしましょう。

イメージでつかもう！

カスタマージャーニーマップを作る

例）カスタマージャーニーマップのイメージ

シナリオ：最近仕事が忙しい中沢さんが当社Webサイトで物件情報を探し、自宅を購入

ステージごとに列を分ける。通常は認知から始まるが、ゴールは「購入」や「購入→利用」「購入→利用→共有」などシナリオに合わせて調整

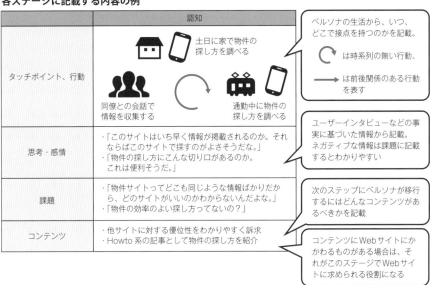

	認知	興味・関心	比較・検討	購入
タッチポイント、行動	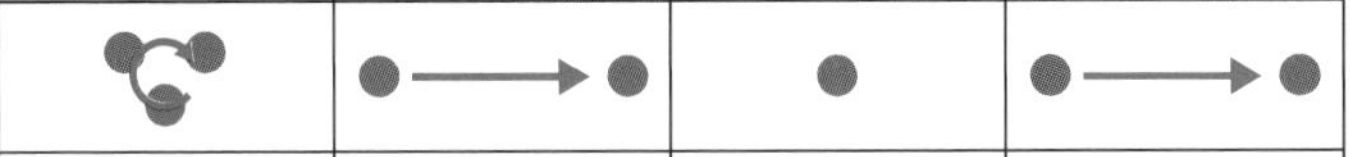			
思考・感情	それぞれのステージで、どのような考え、感情を抱くかを記載			
課題	それぞれのステージで、どのような課題があるかを記載			
コンテンツ	それぞれのステージで、次のステージに行くにはどのようなコンテンツがあればよいかを記載			

各ステージに記載する内容の例

	認知
タッチポイント、行動	 土日に家で物件の探し方を調べる／同僚との会話で情報を収集する／通勤中に物件の探し方を調べる
思考・感情	・「このサイトはいち早く情報が掲載されるのか。それならばこのサイトで探すのがよさそうだな。」 ・「物件の探し方にこんな切り口があるのか。これは便利そうだ。」
課題	・「物件サイトってどこも同じような情報ばかりだから、どのサイトがいいのかわからないんだよな。」 ・「物件の効率のよい探し方ってないの？」
コンテンツ	・他サイトに対する優位性をわかりやすく訴求 ・Howto 系の記事として物件の探し方を紹介

ペルソナの生活から、いつ、どこで接点を持つのかを記載。

 は時系列の無い行動、

 は前後関係のある行動を表す

ユーザーインタビューなどの事実に基づいた情報から記載。ネガティブな情報は課題に記載するとわかりやすい

次のステップにペルソナが移行するにはどんなコンテンツがあるべきかを記載

コンテンツにWebサイトにかかわるものがある場合は、それがこのステージでWebサイトに求められる役割になる

関連用語 ペルソナ ▶▶▶ P.62　ターゲットユーザー ▶▶▶ P.60　ビジネスゴール ▶▶▶ P.58

06 ユーザー中心のデザイン手法

ユーザー中心設計（User Centered Design）という言葉をご存じでしょうか。Webサイトに限らず、製品のデザイン・設計を、利用者であるユーザーの状況やニーズ、制限に合わせて検討・開発を行う手法・思想のことを意味します。ここでは、ユーザー中心設計の検討プロセスと、Webサイト開発への生かし方を学びましょう。

● ユーザー中心のデザイン検討プロセス

ユーザー中心設計は、ユーザーを知ることから始まります。「ユーザーはこんな人たちだろう」「こんなモノ･コトを欲しているだろう」など、ユーザーの属性･思考･行動などを仮説として定義します。そこからユーザーが求めるデザインのアイデアを繰り返し検討し、実際のデザインに落とし込みます。最後に、そのデザインの有効性を検証します。この**「①調査」「②分析」「③設計」「④評価」**の一連の流れが、ユーザー中心設計におけるデザイン検討プロセスになります。

● Webサイト開発の中でのユーザー中心設計

Webサイト開発プロジェクトへのユーザー中心設計の取り入れ方を整理します。まずは、**「①調査」**です。Webサイトのユーザーを知り、その行動を観察するには現状サイトのアクセスログ解析や、実際のユーザーへのインタビューが有効です。次に**「②分析」**です。①の結果を参考に、現状のWebサイトに対する問題点や改善点を洗い出します。ユーザーは些細なことに不満を持っているかもしれないので、制限をかけずに洗い出します。**「③設計」**では、②で挙がった問題点に対して、具体的な解決方法を検討します。発散と収束を繰り返すことで、精度の高い解決策を探し出すことができます。そして、Webサイトのプロトタイプ（試作品）を作ります。Webサイト全体ではなく、課題・解決策に関連する部分だけを作ることで短期間かつ、的を絞った検証を行うことができます。最後の**「④評価」**で、実際の利用者または、利用者を想定した被験者にプロトタイプを使ってもらいフィードバックを受け、課題解決の有効性を検証します。現在のWeb開発において、このユーザー中心設計の4つのステップを実行することが、とても重要なこととなっています。

プラス1 UXやユーザビリティは、デザイン設計における指標や目標のことを指しますが、ユーザー中心設計（UCD）は、UXやユーザビリティ実現のためのプロセスのことを指します。

イメージでつかもう！

ユーザー中心設計の基本的なプロセス

特定の課題に対して、以下の4つのプロセスを実施することで、効率的かつ当を得たWebサイトの設計を行うことができます。

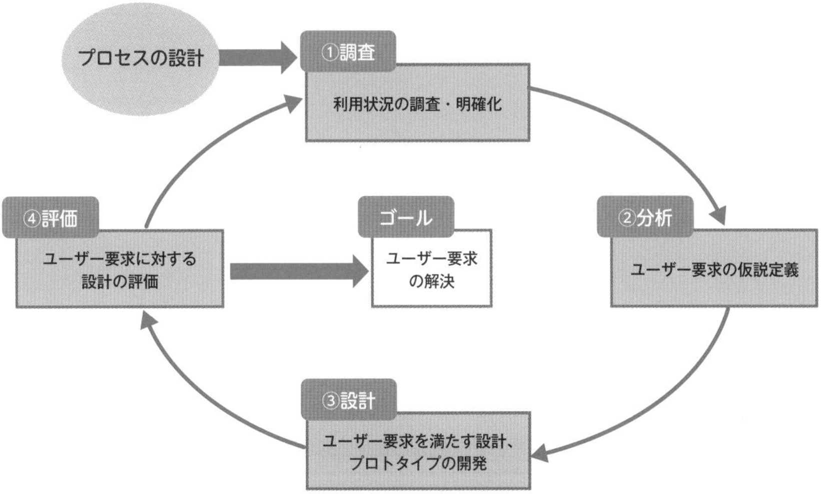
プロセスの設計
①調査
利用状況の調査・明確化
②分析
ユーザー要求の仮説定義
③設計
ユーザー要求を満たす設計、プロトタイプの開発
④評価
ユーザー要求に対する設計の評価
ゴール
ユーザー要求の解決

上記のプロセスをWebサイト開発にあてはめると……

①調査 **利用状況の調査・明確化**

アクセスログ解析やユーザーインタビューなどにより、ユーザーの利用状況を調査・把握し、明確化する。

②分析 **ユーザー要求の仮説定義**

ペルソナや利用シナリオを検討し、現状の課題やユーザーの要求の仮説を定義する。

③設計 **ユーザー要求を満たす設計、プロトタイプの開発**

認知的ウォークスルー（専門家がユーザーになりきり評価する評価手法）などによる設計·プロトタイプ（試作品）の開発。

④評価 **ユーザー要求に対する設計の評価**

ユーザーによるユーザビリティテスト、ヒューリスティック評価（専門家による改善点評価）などによる評価。

このプロセスを繰り返し行うことで、より精緻なユーザー中心のデザインができるんだね！

関連用語 UX ▶▶▶ P.24　ユーザビリティ ▶▶▶ P.178　アクセス解析 ▶▶▶ P.176

COLUMN

上流工程やコンセンサスの重要性

第３章では、いわゆるWebサイト制作における上流工程にあたる考え方や制作方法を説明しました。また、さまざまな場面で「関係者間で合意しましょう」、つまり、「関係者のコンセンサスを得ましょう」というお話をしてきました。

Webサイトの制作ではこの後に、Webサイトの制作方針や方法について検討し、Webサイトの構造、ワイヤーフレーム、デザイン、HTMLコーディングといった順に制作を進めていくことになります。こうした工程を進めるには相応の時間が必要になり、場合によっては異動などでメンバーが変更になることもあります。

Webサイト制作の現場でよく起こることとして、ワイヤーフレームやデザインの段階になって、メンバー間で意見が割れたり、上長や声の大きなメンバーから突拍子もない、無視しづらい意見が出てきたりすることがあります。特にデザインは、これまでの経緯を知らなくても意見を言いやすいため、さまざまな声が上がってくることが多々あります。

このような場合に、ターゲットユーザーやペルソナ、カスタマージャーニーマップが作られており、各関係者間のコンセンサスを得ることができていると、**割れた意見の着地点を見つけることができたり、突拍子もない意見を出してきたメンバーを説得したりすることが可能になります。**

逆に、ターゲットユーザーなどが作られていなかったり、作られていても関係者間で合意できていなかったりすると、説得力に欠けた結果、声の大きな意見に流され、これまでに決めてきたことがだんだんとあいまいになっていき、ところどころ矛盾のある中途半端なWebサイトが出来上がってしまいます。

一本筋のとおった、説得力のあるWebサイトを制作するためにも、ターゲットユーザーやペルソナ、カスタマージャーニーマップを作り、関係者のコンセンサスを得ておきましょう。

Chapter 4

開発方法を考える

本章では、Webサイトの開発手法を検討し選択するために必要なこと、開発手法を検討する際によく出てくる言葉の意味や注意点などを解説します。

01 開発方針を検討するために

Web サイトにはさまざまな種類があり、利用するユーザーも異なります。また企業として守るべき基準や制限事項も存在します。では、Web サイトの開発方針を検討するために必要なことは何でしょうか。

● Web サイトに必要な機能は何か

まず考える必要があるのは、**その Web サイトに必要な機能が何であるか**です。サイト種別で考えると、例えば EC サイトの場合はカートや決済機能、会員情報の管理機能やサイト内検索機能が必要になるでしょう。

では､制作後の運用面ではどうでしょうか。運用を行うのは自社の社員でしょうか、それとも開発会社への委託でしょうか。サイトの更新頻度はどれくらいありそうでしょうか。もし自社の社員で運用を行いサイトの更新が毎日あるような場合は、専門的な知識が無くてもページを素早く・安全に編集して公開する機能が必要になるでしょう。このように、サイト特性や運用を考えて必要な機能を洗い出すことが必要です。

● Web サイトをどのようなユーザー層に届ける必要があるか

次に、**その Web サイトはどのようなユーザー層にどんな場面で使われる想定であるか**を考えます。第 3 章でお話ししたターゲットユーザーやカスタマージャーニーを考えればわかりやすくなります。現在ではほとんどの Web サイトがスマートフォンで閲覧されることを前提に制作することが多いですが、社内用の業務系サイトの場合は PC 利用のみとする可能性もあります。このような違いによって、サイトの制作手法やターゲットにする OS やブラウザが変わってきます。

● 企業として遵守すべきルールがあるか

企業によっては、ブランドの統一や二重投資の抑制などを目的として、**Web サイトの制作にあたり、利用できるサービスやデザインにルールを設けている場合があります**。開発方針を考えるうえではこの点についても考慮が必要です。

イメージでつかもう！

Webサイトに必要な機能は？

サイト種別と必要な機能の一例

サイト種別	必要な機能
企業サイト	サイト内検索、お問い合わせ　など
ECサイト	カート、決済、会員情報管理、製品情報・在庫管理、サイト内検索、物流システム連携　など
商品・プロモーションサイト	SNS連携、サイト内検索、お問い合わせ　など
採用サイト・転職サイト	応募者情報管理、募集要項データ管理　など

運用時の想定

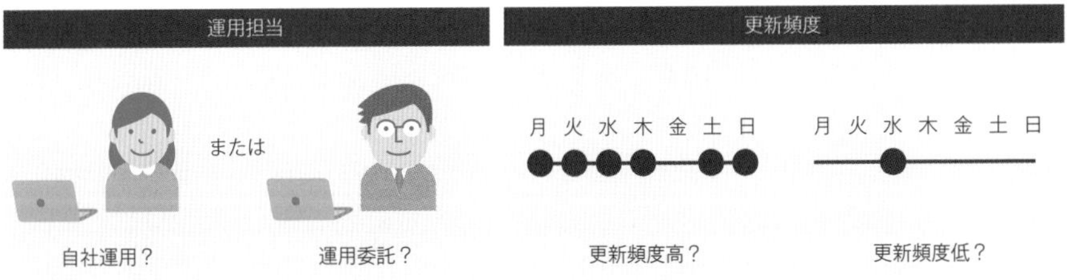
運用担当
更新頻度
または
月 火 水 木 金 土 日
月 火 水 木 金 土 日
自社運用？
運用委託？
更新頻度高？
更新頻度低？

自社の社員で運用を行い、サイトの更新が毎日あるような場合は、専門的な知識が無くてもページを素早く・安全に編集して公開する機能が必要になります。

企業として遵守すべきルールは？

・デザインやレイアウトの基準が決まっていないか？
・クラウドサービス利用に制限がないか？
・サーバー・ネットワークなどの仕様にルールがないか？
・達成すべきセキュリティ基準がないか？
など

ブランド統一や二重投資の抑制などを目的に、企業として遵守すべきルールを設けていることがありますので確認しましょう。

関連用語　ターゲットユーザー ▶▶▶ P.60　カスタマージャーニー ▶▶▶ P.64　ターゲットOS ▶▶▶ P.74
ターゲットブラウザ ▶▶▶ P.74

02 動的と静的の違い

Web担当になると、しばしば「その部分は動的要素だから確認するときは注意して」や、「そのページは静的だから修正するのは簡単です」といった話を耳にすることがあります。そもそも「動的な○○」「静的な○○」とはどういうことでしょうか。

● 動的な○○とは

Webサイトにおける**「動的な○○」**とは、**ユーザーがアクセスした際に画面の表示要素が状況によって変わるページや部分**のことを指します。

例えば、お問い合わせフォームであれば、ユーザーがお問い合わせ内容を記入し確認ボタンを押すと、確認画面にユーザーの入力内容が記載されます。さらに送信ボタンを押すと、「受け付けました」の表示とともにお問い合わせ番号が表示されることがあります。このように、ユーザーの入力した内容（状況）に合わせて表示する要素が変わることが「動的な○○」の条件です。この一連の流れの裏側の仕組みを見ると、まずは入力画面で入力された情報を、ユーザーが確認ボタンを押した際にサーバー側に送信します。次に、確認画面を表示する際は、サーバー側に送信された情報から必要な項目を確認画面に表示させます。最後に送信ボタンを押すと、確認完了したことがサーバーに送信され、サーバーからは「受け付けました」のメッセージとともに、あるルールに則って生成されたお問い合わせ番号が表示されます。

● 静的な○○とは

Webサイトにおける**「静的な○○」**は、動的とは反対に、**どんなユーザーがアクセスしてきても同じ要素を表示するページや部分**のことを指します。例えば、コーポレートサイトの会社概要ページなどです。

なお、前述のお問い合わせ機能やサイト内検索は「動的な○○」であるため、現在では企業が運営しているWebサイトで“完全に静的なサイト”はあまり存在していません。ただし、サイト内検索のように、サイトのごく一部の機能で、かつ、一般的な機能である場合は、「静的サイトだが、サイト内検索だけ動的な要素あり」と表現することもよく見られます。

プラス1 サイト内検索は、「ユーザーが入力した検索ワード（状況）」に対して、「検索結果の表示が異なる」ため「動的な要素（機能）」になります。

イメージでつかもう！

動的のイメージ

例）お問い合わせフォーム

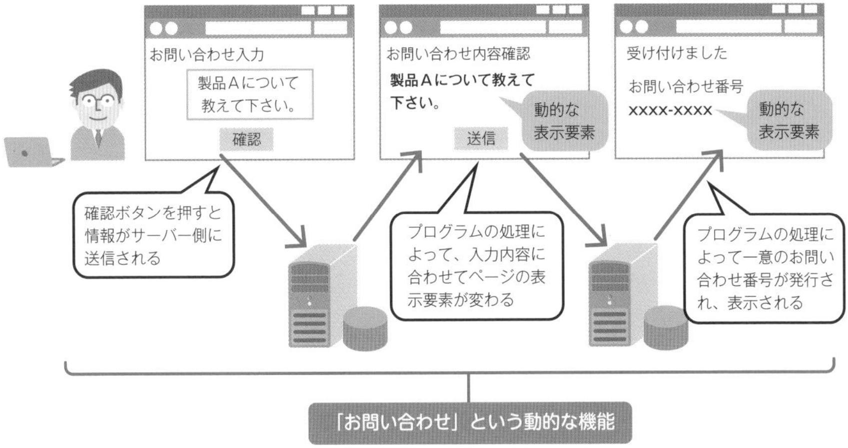
お問い合わせ入力
製品Aについて教えて下さい。
確認
お問い合わせ内容確認
製品Aについて教えて下さい。
送信
動的な表示要素
受け付けました
お問い合わせ番号
XXXX-XXXX
動的な表示要素
確認ボタンを押すと情報がサーバー側に送信される
プログラムの処理によって、入力内容に合わせてページの表示要素が変わる
プログラムの処理によって一意のお問い合わせ番号が発行され、表示される
「お問い合わせ」という動的な機能

開発面での動的と静的の違い

Webサイトで動的な機能の開発が必要な場合、静的な開発を行う場合に比べて、登場人物やプログラミング言語、用語が増えます。以下にその一例を記載しています。

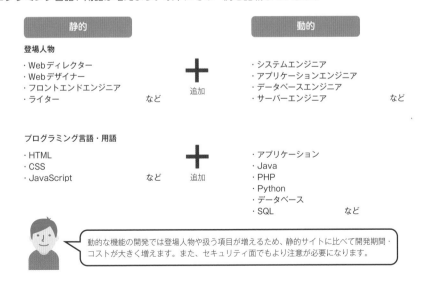

静的		動的
登場人物 ・Webディレクター ・Webデザイナー ・フロントエンドエンジニア ・ライター　など	＋ 追加	・システムエンジニア ・アプリケーションエンジニア ・データベースエンジニア ・サーバーエンジニア　など
プログラミング言語・用語 ・HTML ・CSS ・JavaScript　など	＋ 追加	・アプリケーション ・Java ・PHP ・Python ・データベース ・SQL　など

動的な機能の開発では登場人物や扱う項目が増えるため、静的サイトに比べて開発期間・コストが大きく増えます。また、セキュリティ面でもより注意が必要になります。

関連用語　サーバー ▶▶▶ P.30　Web ディレクター ▶▶▶ P.84　Web デザイナー ▶▶▶ P.84
フロントエンドエンジニア ▶▶▶ P.84

03 ターゲットOS、ターゲットブラウザ

同じWebサイトであっても、OSやブラウザごとに微妙に挙動が異なることがあり、意識して制作しないと表示が崩れるなどの不具合が発生することがあります。

● ターゲットOS・ターゲットブラウザとは

ターゲットOS・ターゲットブラウザとは、**ユーザーにWebサイトの画面を想定どおりに表示させ、問題なく機能を使えるようにするために必要な、OSとブラウザの組み合わせ**のことを指します。例えば、「Windows 10のGoogle Chrome」や「iOS 14のSafari」のように指定します。この場合、Windows 10とiOS 14がOSとそのバージョンを表し、Google ChromeとSafariがブラウザを表します。

● ターゲットOS・ターゲットブラウザの決め方

ターゲットOSやターゲットブラウザの決め方はWebサイトによって異なりますが、一般的な決め方は**開発や公開時点で利用されている世の中のOSとブラウザのシェアを参考に、比率の高いものを選択する方法**です。この他には、例えばWebサイトのリニューアルであれば、現状のサイトが閲覧されているOS・ブラウザを参考にする方法があります。この場合はGoogleアナリティクスなどのアクセス解析ツールで現在のWebサイトの閲覧状況を確認します。また、Webサイトで利用している動的機能が外部のサービスを利用している場合などは、外部サービスで決められたOS・ブラウザを受け入れるしかないこともあります。

● ターゲットOS・ターゲットブラウザの注意点

Webサイトをたくさんのユーザーにストレスなく利用してもらうためにはターゲットOS・ブラウザの組み合わせを増やせばよいと思われがちですが、対象のOS・ブラウザを増やすことは画面確認やテスト量が増えることになるため、その分開発コストに跳ね返ります。また、古いブラウザでは表現できないことも多くなるため、画面デザインや動きの表現、動的要素の機能制限が発生する可能性も高まります。

プラス1 ブラウザによって表示が崩れる理由は、Webページの色やレイアウトなどを制御する「CSS」という言語の解釈がブラウザごとに異なる場合があるためです。

イメージでつかもう！

主なOSとブラウザ

PC

主な OS

- Windows
  - Windows 10
  - Windows 8.1
  - Windows 7
- macOS
  - macOS 11.0（Big Sur）
  - macOS 10.15（Catalina）
  - macOS 10.14（Mojave）
- Chrome OS
- Linux　　など

WindowsのWindows 10とmacOSのBig Sur、Catalinaあたりをターゲットにすることが多く、Chrome OSやLinuxは対象外にすることが多い（2021年現在）

主なブラウザ

- Internet Explorer
  - Internet Explorer 11
- Microsoft Edge
- Google Chrome
- Safari
  - Safari 14
  - Safari 13
- Firefox　　など

Microsoft Edge、Google Chrome、Firefoxは自動でアップデートされるため、開発時の最新バージョンをターゲットブラウザとして指定することが多い

スマートフォン

主な OS

- iOS
  - 14
  - 13
- Android
  - 11
  - 10　　など

ターゲットにするバージョンはiOS 14.3 のように詳細に決定することもあるが、iOS 14.x のようにバージョン14全体を指定することもある

主なブラウザ

- Safari
- Google Chrome
- Firefox　　など

スマートフォンのブラウザはOSに標準搭載されているブラウザ（iOSならSafari、AndroidならGoogle Chrome）をターゲットにすることが多い

ターゲットディスプレイ

OS・ブラウザの他に、ターゲットディスプレイ（画面）サイズを決めることもあります。ディスプレイサイズはPC・スマートフォンともに最低の縦横サイズを決めますが、上限は決めないことが多いです。開発時は最低のディスプレイサイズのユーザーでも問題なくWebサイトを利用できるようにデザインなどを調整します。

関連用語　Google アナリティクス ▶▶▶ P.176　CSS ▶▶▶ P.146

04 レスポンシブ Webデザイン

レスポンシブ Web デザインとは、PC やスマートフォンなどの画面サイズに合わせてデザインレイアウトを最適化し、ユーザーの閲覧性を向上させる Web ページの開発手法です。

デザインレイアウトの最適化

PC の場合は横幅 1280px 以上のディスプレイを使っていることがほとんどですが、スマートフォンの場合は iPhone 12 でも横幅 390px しかありません。

通常、横幅を 1000px で作成した Web ページをスマートフォンで閲覧すると、例えば iPhone 12 は横幅 390px の範囲内に 1000px が収まるよう、強引に縮小してページを表示させます。そのため、文字や画像がとても小さく表示されてしまい、ユーザーにとって非常に見づらいページになってしまいます。

かつては、この対応として PC 用とスマートフォン用に別々の HTML ページを用意していたのですが、レスポンシブ Web デザインでは単一の HTML ページでも**メディアクエリ**という CSS の技術を利用することで、ユーザーのディスプレイ幅が大きい場合は PC 用のレイアウト、小さい場合はスマートフォン用のレイアウトで Web ページを表示することが可能になります。

レイアウトを切り替える横幅のことを**ブレイクポイント**と呼びます。ブレイクポイントを PC とスマートフォンを切り替える 1 箇所にするのか、タブレットを加えて 2 箇所にするのかなど、サイトに訪れるユーザー像を把握して検討しましょう。

レスポンシブ Web デザインのメリット・デメリット

レスポンシブ Web デザインは 1 つの HTML ページを編集すれば修正や更新が可能であるため、運用時における修正や更新などで手間を削減することが可能です。またユーザーがページを誰かに共有する際も URL は 1 つであるため、共有相手のデバイスを気にする必要がありません。一方で、デザインレイアウトの実装は技術レベルが高くなります。PC 用・タブレット用・スマートフォン用のようにレイアウトパターンを増やすほど開発コストが高くなるため注意が必要です。

プラス1 メディアクエリは、画面幅に応じて適用する CSS を切り替える機能で「画面幅 768px 以下はデザイン A を適用」のように設定できるため、レスポンシブ Web デザインには必須です。

イメージでつかもう！

デザインレイアウトの最適化

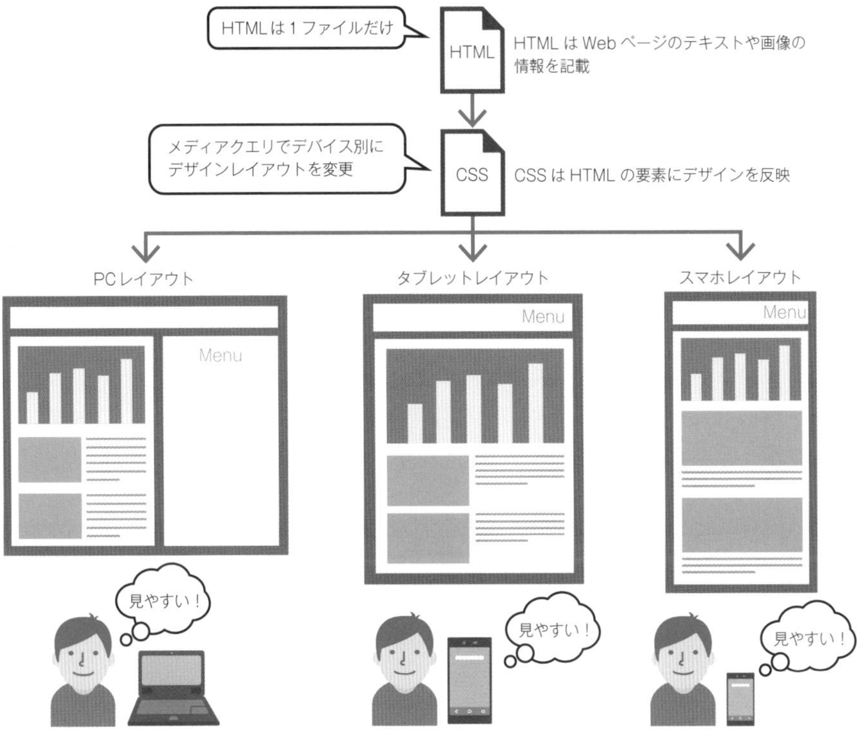
HTMLは1ファイルだけ
HTML
HTML は Web ページのテキストや画像の情報を記載
メディアクエリでデバイス別にデザインレイアウトを変更
CSS
CSS は HTML の要素にデザインを反映
PCレイアウト
タブレットレイアウト
スマホレイアウト
Menu
Menu
Menu
見やすい！
見やすい！
見やすい！

ブレイクポイント

例）デバイス別の横幅（表示可能領域）

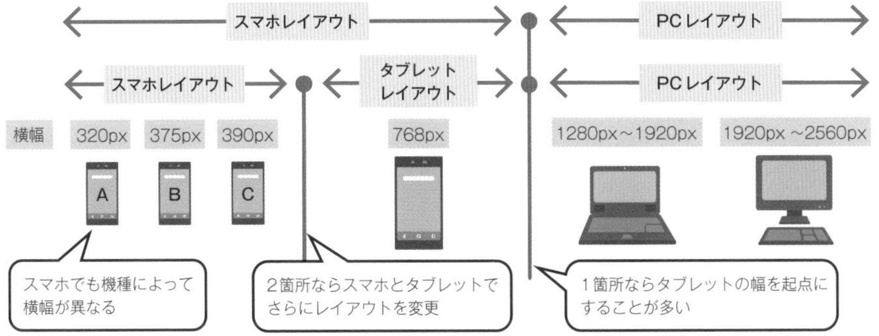
スマホレイアウト
PCレイアウト
スマホレイアウト
タブレットレイアウト
PCレイアウト
横幅
320px
375px
390px
768px
1280px～1920px
1920px ～2560px
A
B
C
スマホでも機種によって横幅が異なる
2箇所ならスマホとタブレットでさらにレイアウトを変更
1箇所ならタブレットの幅を起点にすることが多い

関連用語 HTML ▶▶▶ P.146　CSS ▶▶▶ P.146　ターゲットディスプレイ ▶▶▶ P.75

05 CMS（コンテンツ・マネジメント・システム）

CMSとはコンテンツ・マネジメント・システムの略で、Webサイトを構成するテキストや画像、デザインレイアウト（テンプレート）などの情報（データ）を管理して、専門的な知識が無くてもWebサイトの更新などを可能にするシステムのことです。

● CMSのメリット・デメリット

CMSはWebサイトの素早く・安全な更新、ページやテキスト・画像などの公開日時や公開期限の設定、ページ制作から公開までの承認フローの管理など、さまざまな便利機能を備えています。そのため、**専門知識が無いWeb担当者による運用や、更新頻度の高いWebサイトの運用を行うには非常に有用なツール**であり、CMSを利用することで大きなメリットが得られます。

一方で、CMSではテキスト・画像などの情報と、テンプレートと呼ばれるデザインレイアウトの情報を別々に管理してページを生成するため、**デザインの自由度が制限されます。**デザインの自由度を高くすることも可能ですが、その場合はHTMLやCSSなどの専門的な知識が必要になります。またテンプレートを改修したい場合にもシステム的な専門知識が必要で、改修によってさまざまなページの表示などに影響が出ないか確認しなくてはなりません。

● CMS導入・活用のポイント

前述のとおり、CMSはWebサイトの運用を便利にする半面、デザイン自由度やテンプレート改修時の制限といった要素を持ち合わせています。ニュースサイトやECサイトなど、同じデザインレイアウトのページが大量にあるWebサイトの場合は非常に大きなメリットがありますが、コーポレートサイトや商品・プロモーションサイトなどの場合はデザインレイアウトに制限をかけても平気なページとデザイン自由度を高めたいページの両方が求められることが多くあります。CMSの導入を検討する際は、このメリット・デメリットを意識しながら、運用も自社と委託会社で役割分担して実施することを前提に進めましょう。

プラス1 CMSは、無料・有料で多くの種類が存在しており、得意とする機能や拡張性もさまざまです。WordPress、Drupal、Movable TypeといったCMSが有名です。

イメージでつかもう！

CMS（コンテンツ・マネジメント・システム）とは

CMSはテキスト・画像などの情報とデザインレイアウトを別々に管理して、ページを生成するシステムです。

例）ニュースサイトのCMSイメージ

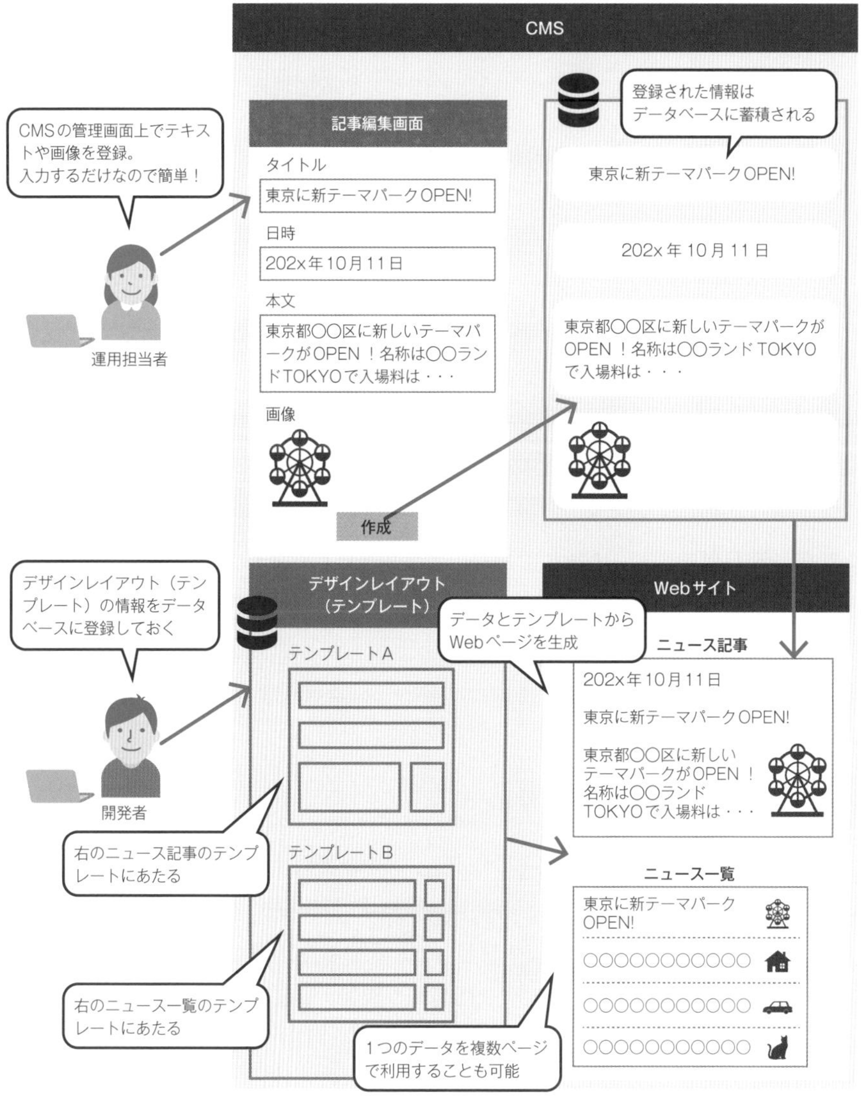
CMS
CMSの管理画面上でテキストや画像を登録。入力するだけなので簡単！
運用担当者
記事編集画面
タイトル
東京に新テーマパークOPEN!
日時
202x年10月11日
本文
東京都〇〇区に新しいテーマパークがOPEN！名称は〇〇ランドTOKYOで入場料は・・・
画像
作成
登録された情報はデータベースに蓄積される
東京に新テーマパークOPEN!
202x 年 10 月 11 日
東京都〇〇区に新しいテーマパークがOPEN！名称は〇〇ランド TOKYOで入場料は・・・
デザインレイアウト（テンプレート）の情報をデータベースに登録しておく
開発者
デザインレイアウト（テンプレート）
テンプレートA
テンプレートB
右のニュース記事のテンプレートにあたる
右のニュース一覧のテンプレートにあたる
データとテンプレートからWebページを生成
Webサイト
ニュース記事
202x年10月11日
東京に新テーマパークOPEN!
東京都〇〇区に新しいテーマパークがOPEN！名称は〇〇ランドTOKYOで入場料は・・・
ニュース一覧
東京に新テーマパークOPEN!
〇〇〇〇〇〇〇〇〇〇〇
〇〇〇〇〇〇〇〇〇〇〇
〇〇〇〇〇〇〇〇〇〇〇
1つのデータを複数ページで利用することも可能

関連用語 HTML ▶▶▶ P.146　CSS ▶▶▶ P.146

06 Webガバナンス

Webガバナンスとは、企業のWebサイト制作・運営におけるさまざまなルールを管理・統制することで、効率性や安全性を保ちながら、一貫したブランド訴求やユーザーコミュニケーションを実現するための考えや取り組みのことを指します。

Webガバナンスの重要性

現在では、製品やサービスごと、あるいはグローバル化による多言語対応などで、複数のWebサイトを運営している企業が少なくありません。また、そうした企業ではWebサイトごとに管理する部署が異なる場合があります。

それぞれが自由にWebサイトを制作すると、デザインやブランドメッセージの打ち出し方が異なることによる企業ブランド訴求の不統一、サーバーなどのインフラ面で異なる環境を利用することでの二重コストや非効率の発生、品質基準が異なることでのセキュリティリスクなど、さまざまな問題を引き起こす可能性があります。逆にWebガバナンスがしっかり効いている場合は、Webサイト制作や運営にかかるコストの削減やセキュリティの確保のみならず、自社社員にとってもWebサイト制作・運営中に直面するさまざまな判断のよりどころがあるため、工数面や心理面での負荷が軽減されるメリットがあります。

このような観点から、現在ではWebガバナンスの重要性が認識されており、企業内で関連するガイドラインが作成されています。

Webガバナンスに必要な項目

Webガバナンスのガイドラインとして必要な項目は、主に、**デザイン（ロゴや画像、フォント、配色、レイアウトなどの使用規定）**、**コンテンツ（用語、表記ルールなどの規定、表示・動作保証するOS・ブラウザ）**といった項目や、**アクセシビリティ達成基準**、**体制や運用フロー**、**インフラ面の利用規定**、**達成すべきセキュリティ基準など**が挙げられます。ガイドライン制作には各分野での専門的な知識が必要になるため、社内各部署のメンバーや委託会社の協力が必要になります。

イメージでつかもう！

Webガバナンス

Webガバナンスの重要性

「部署①ではWebサイトAとBをサーバーAで管理、部署②ではWebサイトCをサーバーCで管理しているが、部署①も部署②も互いのWebサイトの存在を知らなかった」
複数サイトを持っていると、こんなことが起きることがあります。

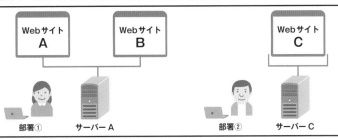

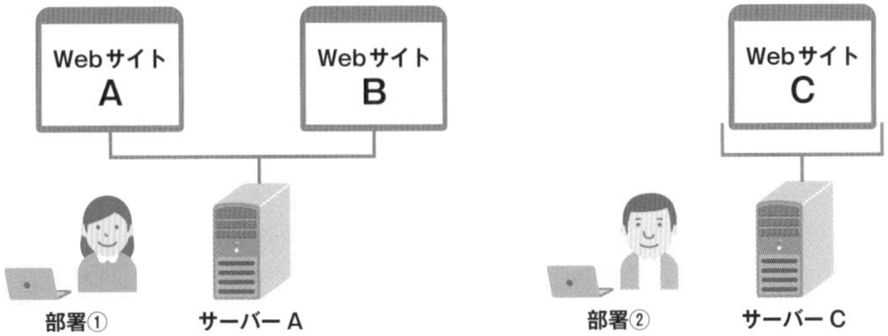
Webサイト A
Webサイト B
Webサイト C
部署①
サーバーA
部署②
サーバーC

Webガバナンスが効いていないことで、さまざまな課題が発生することがあります。

互いにWebサイトの存在を知っていれば、リンクを設定して、ユーザーを増やすことができたかもしれない（機会損失）

インフラコストの二重投資が発生。セキュリティ対策も達成基準がバラバラ

WebサイトCの構築時にデザインルールなどがあれば、制作コストを削減できた

Webガバナンスで定める項目例

項目	内容
デザイン	ロゴや画像（写真、イラスト）、フォント、配色、Webページのレイアウトなどにおいての指針、制限事項など
コンテンツ	コンテンツ（Webサイト内の情報）における、表現、用語、文章の言葉遣い、表示・動作保証するOS・ブラウザなどのルール
アクセシビリティ	ウェブアクセシビリティにおける達成基準や例外などのルール
コーディング	HTML、CSSなど、Webサイト構築・運用時に使用する言語と、記述方法についてのルール
アセット管理	ロゴや画像（写真、イラスト）など、自社で管理している素材の格納先、入手方法などのルール
インフラ	利用可能なサーバー、ネットワークなどのインフラ機器や、それらに導入されるOS、アプリケーション、達成すべきセキュリティ基準の指針、制限事項など
組織規程	Webに関する組織内の体制や運用フロー、各種申請方法などのルール

Webガバナンスでは上の表のような項目についてルールを定めましょう。
ただし、「ガバナンス」は本来「統治・管理」を意味する言葉です。完全な「統一」ではなく、例外も含めて「管理」できていることが大切です。

関連用語
CI ▶▶▶ P.132　VI ▶▶▶ P.132　デザインガイドライン ▶▶▶ P.86
コーディングガイドライン ▶▶▶ P.86

07 ウェブアクセシビリティ

アクセシビリティは、利用者の環境や状態、能力にかかわらず、その製品やサービスを利用できることを表す概念で、あらゆる人が利用できるようにデザイン（設計）することを**「ユニバーサルデザイン」**と言います。アクセシビリティの中でも Web での情報提供にかかわるものを**「ウェブアクセシビリティ」**と言い、高齢者や障害のある人が Web を問題なく利用できるように、現在では、日本工業規格（JIS）により**「JIS X 8341-3:2016」**として、達成基準が明確に規定されています。「JIS X 8341-3:2016」は、Web の標準化を推進する W3C という団体が勧告した**「WCAG 2.0（ISO/IEC 40500:2012）」**をもとに定められているため、「WCAG 2.0」と同じ内容になっています。

● ウェブアクセシビリティの内容

ウェブアクセシビリティの達成基準（適合要件）は、レベル A からレベル AAA まであり、レベル A が最も低い適合要件になっています。また、**適合は一部分ではなく、Web ページやプロセス全体で基準に適合している必要があります。**

達成基準は、Web ページがその基準を満たしているかを客観的に判断できるように、自らテスト可能な基準になっており、W3C などの団体のテストに合格しないと認められないというものではありません。達成基準は、高齢者や障害のある方が Web ページの情報を取得できるように、詳細な基準が規定されています。

● ウェブアクセシビリティへの対応

ウェブアクセシビリティに対応することは重要ですが、「WCAG 2.0」の基準すべてに適合することは簡単ではありません。適合するためには、実質的には Web ページのデザイン自由度を制限することになり、非常にシンプルなデザインにするのであれば適合難易度は下がりますが、ブランド訴求とのバランスを考えたデザイン制作は難易度が高まります。**ウェブアクセシビリティへの対応は、Web ガバナンスの 1 つとして、自社の達成基準を明確にしておくことが望ましいです。**

イメージでつかもう！

ウェブアクセシビリティ規格

WCAG 2.0 (Web Content Accessibility Guidelines 2.0)	=	ISO/IEC 40500:2012	=	JIS X 8341-3:2016
2008年にW3C（World Wide Web Consortium）から勧告		2012年にWCAG 2.0がISO/IEC国際規格として承認		2016年にISO/IEC 40500:2012の一致規格にするため、JIS X 8341-3:2004から改訂

名称は違いますが、すべて同じ内容です。

ウェブアクセシビリティの4つの原則

知覚可能	情報及びユーザインタフェースコンポーネントは、利用者が知覚できる方法で利用者に提示可能でなければならない。 →これは、利用者が提示されている情報を知覚できなければならないことを意味する（利用者の感覚すべてに対して知覚できないものであってはならない）。
操作可能	ユーザインタフェースコンポーネント及びナビゲーションは操作可能でなければならない。 →これは、利用者がインタフェースを操作できなければならないことを意味する（インタフェースが、利用者の実行できないインタラクションを要求してはならない）。
理解可能	情報及びユーザインタフェースの操作は理解可能でなければならない。 →これは、利用者がユーザインタフェースの操作と情報とを理解できなければならないことを意味する（コンテンツ又は操作が、理解できないものであってはならない）。
堅牢性	コンテンツは、支援技術を含む様々なユーザエージェントが確実に解釈できるように十分に堅牢でなければならない。 →これは、利用者が技術の進歩に応じてコンテンツにアクセスできなければならないことを意味する（技術やユーザエージェントの進化していったとしても、コンテンツはアクセシブルなままであるべきである）。

出典：「WCAG 2.0 解説書」 ウェブアクセシビリティ基盤委員会（WAIC）訳 <https://waic.jp/docs/UNDERSTANDING-WCAG20/complete.html>

原則として、これらのいずれかがあてはまらなければ、高齢者や障害のある利用者はWebを利用することができなくなるとされています。

ウェブアクセシビリティの内容

1.2.4	キャプション（ライブ）：同期したメディアに含まれているすべてのライブの音声コンテンツに対してキャプションが提供されている。（レベル AA）
1.3.2	意味のある順序：コンテンツが提示されている順序が意味に影響を及ぼす場合には、正しく読む順序はプログラムによる解釈が可能である。（レベル A）
1.4.1	色の使用：色が、情報を伝える、動作を示す、反応を促す、又は視覚的な要素を判別するための唯一の視覚的手段になっていない。（レベル A）
2.3.1	3 回の閃光、又は閾値以下：ウェブページには、どの 1 秒間においても 3 回を超える閃光を放つものがない、又は閃光が一般閃光閾値及び赤色閃光閾値を下回っている。（レベル A）

出典：「WCAG 2.0 解説書」 ウェブアクセシビリティ基盤委員会（WAIC）訳 <https://waic.jp/docs/UNDERSTANDING-WCAG20/complete.html>

これらは、WCAG 2.0 の一部です。このように、さまざまな項目で細かい規定が決められています。どこまで対応するかはWebガバナンスの1つとして決めておきましょう。

関連用語　Web ガバナンス ▶▶▶ P.80　CI ▶▶▶ P.132　VI ▶▶▶ P.132　デザインガイドライン ▶▶▶ P.86

08 Web制作会社・システム開発会社は何を作っているのか

Webサイトの構築にはさまざまな登場人物がいるため、円滑に連携しながらプロジェクトを運営していく必要があります。特に構築時にかかわりの深いWeb制作会社・システム開発会社ではどのようなメンバーが作業を行っているのでしょうか。

● 主な登場人物と各メンバーの役割

【プロジェクト責任者、プロジェクトマネージャー】

プロジェクトの運営、品質、納期などに責任を持ち、円滑に推進させる役割を果たす管理者です。企業側に加えて、制作会社・システム開発会社側にも責任者がいます。

【Webディレクター】

各メンバーのまとめ役のようなポジションで、構築を進めるにあたって調整役をしています。アシスタントWebディレクターと分担して進行します。企業担当者が実務面で主にやり取りを行うのは、Webディレクターであることが一般的です。

【アートディレクター、Webデザイナー】

ユーザーインターフェース全般のデザインを検討し制作するメンバーです。アートディレクター（デザインディレクター）と呼ばれる責任者が複数のWebデザイナーに指示を出しデザイン作業を進めます。

【フロントエンドエンジニア、マークアップエンジニア】

Webデザイナーが作成したデザインをHTML・CSS・JavaScriptを用いて構築するメンバーです。Webディレクター、Webデザイナーとコミュニケーションをとり、どんな表現ができるか検討しながら構築作業を進めます。

【システムエンジニア】

CMSなどを組み入れる場合、システム面の要件定義・設計・プログラム開発を担当します。サーバーやネットワーク構築の知識なども必要な専門性の高いメンバーです。

● プロジェクトに適した体制を考えよう

このように、専門性の高いメンバーがそれぞれの分野で作業を進めますので、プロジェクトの内容に適した人数や、メンバーを組み入れた体制を検討しましょう。

イメージでつかもう！

タスク別の役割

Webサイト構築時に進行する流れに沿って、各メンバーの役割をまとめると以下の図のようになります。それぞれの分野で作業を進めていることがわかりますね。

	Webディレクター	アートディレクター Webデザイナー	フロントエンドエンジニア マークアップエンジニア	システムエンジニア
要件定義	コンセプト・ターゲット検討 基本デザイン検討			システム要件検討
設計	サイト構造検討	デザイン策定	コーディング仕様作成	基本設計・詳細設計
開発	制作進行	デザイン調整	コーディング	プログラム開発
テスト	テスト計画			テスト計画
	テスト	テスト	テスト	テスト

Web制作会社・システム開発会社の品質管理
Web制作会社やシステム開発会社では、プロジェクトごとに品質基準を定めて、テストと発生した障害やミスへの対応・管理を行っています。その基準をクリアしてはじめて発注側企業のUAT（ユーザー受け入れテスト）に移ります。規模の大きいプロジェクトでは、専門のテスト会社に作業を依頼するケースもあります。

Web制作会社・システム開発会社側のプロジェクト体制

Webサイト構築時の制作会社・開発会社側の代表的なプロジェクト体制例です。発注側企業の担当者が実務面で主にやり取りするのは、Webディレクターであることが一般的です。

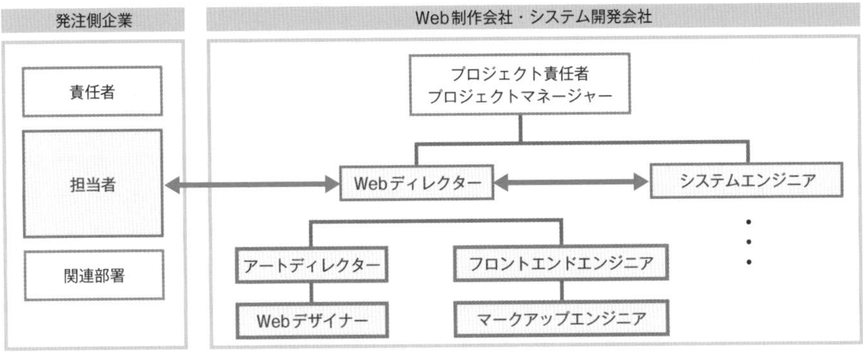
発注側企業
責任者
担当者
関連部署
Web制作会社・システム開発会社
プロジェクト責任者
プロジェクトマネージャー
Webディレクター
システムエンジニア
アートディレクター
Webデザイナー
フロントエンドエンジニア
マークアップエンジニア

09 Webサイト開発における標準化

Web サイト開発に必ず必要となるガイドライン。デザインや開発、CMS 運用に関する代表的なルールの他、文章・表記ルールや作業・承認フローに関するルールまでさまざまあります。本節では、特に重要な 2 つのガイドラインをご紹介します。

● デザインガイドライン

デザインガイドラインとは、Web サイトのデザインで守るべきルールを定めたドキュメントのことです。見た目のデザインだけではなく Web サイトの掲げる「目標達成」と「課題解決」についてデザインの観点からも策定する必要があります。そのため、デザインガイドラインとしては、**Web サイトのブランド・コンセプト・アクセシビリティといった指針に関する内容や、デザインパーツなど見た目の定義など、Web サイト全体に関する内容を策定する必要があります。**プロジェクトによっては「Web サイト制作ガイドライン」と呼ばれることもあります。

● コーディングガイドライン

コーディングガイドラインとは、HTML・CSS・JavaScript コードの規約や開発環境、対象ブラウザ・デバイスなど、開発・運用時に必要となる具体的なルールをまとめたガイドラインです。デザインガイドラインの内容を Web サイトに正しく反映し、コーディングに対する共通認識をプロジェクトにかかわる全員が持つことを目的とした重要なガイドラインになります。プロジェクトによっては「スタイルガイド」と呼ばれることもあります。

● ガイドラインの策定タイミング

Web サイトの新規構築やリニューアルは複数の制作会社が作業を分担することが多いため、デザインの意図の取り違えや作業者ごとの細かな違いが生じないように、**ガイドラインはなるべく事前に策定します。**Web サイト公開と同時に正式版として完成させ、運用フェーズの担当者に引き継ぐことで、Web サイトの品質を維持することができます。

イメージでつかもう！

デザインガイドライン

デザインガイドラインで検討する代表的な例です。以下のような要素を策定していきます。

コンセプト	Webサイト全体のデザイン指針
トーン&マナー	デザインに一貫性、統一感を持たせるための方向性
配色・書体	カラーパターンや使用するフォントの具体的なルール
ナビゲーション	ヘッダー、フッターなどサイト共通のメニュー構成・デザイン
テンプレートパターン	トップページ、下層ページなどパターンごとのデザイン
イラスト・写真	各画面のキーとなる写真やサムネイル画像のルール
パーツデザイン	ボタンや見出しなどUIパーツのパターンデザイン

コーディングガイドライン

コーディングガイドラインはHTML・CSS・JavaScriptコードの具体的な記述内容とともに記載します。更新する頻度が多いため、運用しやすいようツールを導入して作成しましょう。

・コーディングガイドライン（スタイルガイド）　サンプル

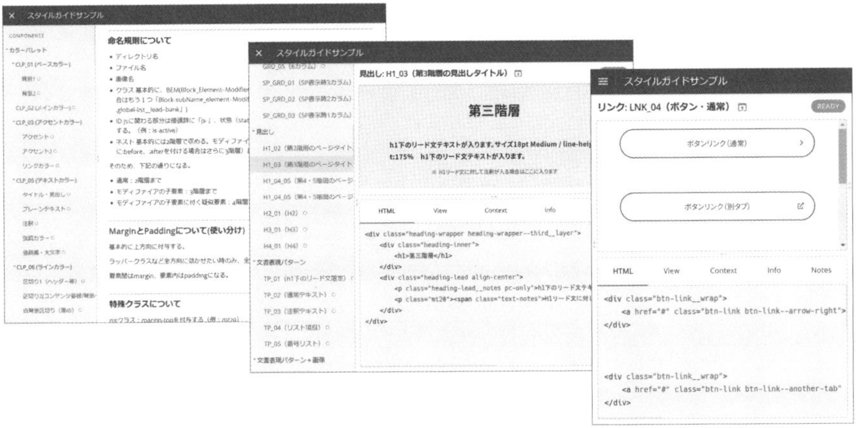
スタイルガイドサンプル
命名規則について
MarginとPaddingについて(使い分け)
特殊クラスについて
スタイルガイドサンプル
見出し: H1_03（第3階層の見出しタイトル）
第三階層
HTML
View
Context
Info
スタイルガイドサンプル
リンク: LNK_04（ボタン・通常）
READY
ボタンリンク(通常)
ボタンリンク(別タブ)
Notes

COLUMN

ネイティブアプリ、Web アプリ、PWA とは？

Web サイトの担当者であれば、ネイティブアプリ、Web アプリ、PWA という言葉を聞く機会があるかもしれません。

ネイティブアプリとは、iPhone や Android といったスマートフォンなどにインストールするアプリケーションのことを言います。App Store や Google Play からダウンロードする、いわゆる「アプリ」のことです。**Web アプリ**は、Web 上で利用するアプリケーションのことを言い、Microsoft Edge などの Web ブラウザを使って目的の Web サイトにアクセスして利用します。例えば、YouTube や Gmail といったものが該当します。ここで「YouTube はネイティブアプリじゃないの？」と思われる方がいるかもしれませんが、「YouTube はネイティブアプリ版、Web アプリ版の両方がある」が答えになります。

Web アプリは、Web ブラウザで Web サイトにアクセスすれば使える一方、オンラインである必要があります。これに対して、ネイティブアプリは、インストールする手間が必要な一方、オフラインでも機能を使える場合があります。ユーザーが自分の好みに合わせて選択できるよう、YouTube は 2 つのアプリを提供しているのです。

では **PWA** とは何でしょうか。PWA とは Progressive Web Apps の略で、一言でいうと、ネイティブアプリと Web アプリの中間のような存在で、ネイティブアプリと Web アプリ両方のよさを兼ね備えているとも言えます。PWA は、インストール不要でありながら、オフラインでも機能を使える場合があり、スマートフォンであればホーム画面にネイティブアプリのようにアイコンを置くことでネイティブアプリに近い感覚で利用することが可能です。

提供側の視点で言うと、ネイティブアプリの場合は iOS と Android 用に制作することが一般的で、保守・運用費用もそれぞれに発生しますが、PWA は両方の OS に対応できるため、それらのコストを効率化できるメリットがあります。2021 年現在の国内では、まだ PWA が一般的とは言いにくい状況ですが、今後、主流になる可能性があります。

Chapter

5

ユーザーとの接点を考える

本章では、ユーザーとコミュニケーションをとるためにはどんなチャネルを利用すればよいか、それぞれのチャネルにはどんな特性があるのか、などについて解説します。

01 ユーザー接点、チャネル

第3章でお話ししたとおり、Webサイトは UX の中でユーザーが接触する1つの媒体（チャネル）でしかありません。ユーザーは一連の行動の中で Web サイト以外にもさまざまなチャネルとの接点を持っています。

Web サイトの目的を達成するためには、ターゲットとなるユーザーに Web サイトで情報を閲覧してもらう必要がありますが、そもそも Web サイトに訪れてもらうためにはどのチャネルで接点を作ればよいでしょうか。そして Web サイト上で情報を効率的に伝えるにはどのように発信すればよいでしょうか。

● 集客・情報発信チャネルの種類

Web サイトへの集客や Web サイト上での情報発信チャネルは、Web 広告、動画、メールマガジン、SNS などのデジタルチャネル、ポスター、冊子、雑誌や DM（ダイレクトメール）などの紙チャネル、その他にもセミナーや展示会など、さまざまな種類が存在しています。これらのチャネルにはそれぞれ特性があるため、その特性を理解しながらチャネルを選択する必要があります。

● どのチャネルを選択するべきか

チャネルの選択には第3章でお話ししたターゲットユーザーやカスタマージャーニーが役立ちます。ターゲットとなるユーザーの属性（年齢、職業、地域、家族構成など）と想定されるユーザーの行動によって、どのチャネルであれば接点がありそうなのかを整理することで、効率的に情報を届けられそうなチャネルや強化すべき接点を選択することが可能になります。

チャネルを1つに限定する必要はありませんので、チャネルの特性、ターゲットユーザー属性・行動の両面を考えながら適切なチャネルを選択しましょう。この章ではいくつかのデジタルチャネルについて特性や注意点などを紹介していきます。

イメージでつかもう！

チャネルの種類と特性

チャネル	特性
Web 広告	リスティング広告、ディスプレイ広告、純広告など種類は豊富で、Web 上のさまざまなメディア上で幅広い出稿が可能。ユーザー属性に合わせた絞り込みも可能なため、特定のターゲットに対する Web サイトの認知や集客に適しているが、広告費用が発生する。
動画	Webサイトでの動画配信や外部サービス上での動画配信があり、ディスプレイ広告やYouTubeなどの動画配信サービス上での広告利用も可能。 テキストや静止画像に比べて多彩な表現が可能で、集客・情報伝達のどちらでも活用できる。動画制作時の注意点は多い。
メールマガジン	HTMLメール、テキストメールなどがあり、主に既存顧客向けの情報発信チャネルで、継続的なコミュニケーションを取れる。メール上のリンクから Webサイトに集客することも可能。あらかじめユーザーにメールマガジン購読の意思表示をしてもらう必要がある。
SNS	LINE、Twitter、Facebook、Instagram など多数のサービスが存在。公式アカウントを作成して SNS 上でユーザーと継続的なコミュニケーションを取れる。 SNS によっては文字数制限などもあるため、情報告知からの Web 集客で利用している例も多い。また、公式アカウントで運用する際は運用ポリシーの設定や定期的な情報発信を続ける必要がある。SNS を利用しているユーザーへの情報発信に限定される。
紙媒体	ポスター、冊子、雑誌、DM（ダイレクトメール）など種類は豊富で、リアル店舗や公共交通機関での掲示や、雑誌上での特集記事作成、郵送物などユーザーとの接点もさまざまなタイミングで持つことが可能。QR コードを利用することでスマートフォンからの集客に効果を発揮できる。
マスメディア	テレビ、ラジオ、新聞などのメディアを指す。非常に広いユーザー層への情報発信が可能な半面、ユーザー属性の絞り込みは難しい。
イベント	セミナー、展示会などがあり、リアルでもオンラインでも存在している。複数企業によって開催されているイベントでは別目的で訪れたユーザーに対して情報発信できるため、同じ属性の新たなユーザー開拓が可能。

ターゲットユーザーの属性は？

家族構成は？
特定の業界がある？
デジタルとの親和性は？
居住地域は？
学生？会社員？
特定の趣味がある？
既存顧客？新規顧客？
収入は？

ターゲットユーザーの属性に合わせてチャネルを選択しましょう。チャネルは1つに限定する必要はありません。業界紙など、特定の属性のターゲットユーザーに限定して情報発信できるチャネルもあります。

関連用語 UX ▶▶▶ P.24　SNS ▶▶▶ P.98　ターゲットユーザー ▶▶▶ P.60
カスタマージャーニー ▶▶▶ P.64

02 動画

近年は通信環境の向上により、動画に接するユーザーやデバイスが増加しており、動画を効果的なユーザー接点として積極的に採用する例も増えてきました。

● Web サイトで動画を配信する

Web サイトで動画を配信する方法は、主に① **Web サイトと同じサーバー上に置いた動画ファイルを読み込む（または動画ファイルそのものをダウンロードさせる）方法**、②**動画配信専用のサーバーに動画を置いて動画を再生させる方法**、③ **YouTube など外部の動画配信サービス上に置いた動画を再生させる方法**があり、①はダウンロード方式、②③の方法はストリーミング方式またはプログレッシブダウンロード方式であることが一般的です。①の場合は動画そのものをダウンロードされ再利用・再配布されてしまうなどのリスク、動画ファイル容量が大きいためにネットワーク負荷が高まる懸念が発生します。一方、②③の場合はそのリスク・懸念が低くなるため、企業が運営する Web サイト上で動画を配信する場合は②③を採用することが多い印象です。

● 動画を Web サイトの集客チャネルとして利用する

Web サイトにユーザーを集客するためには、まず Web サイトの情報をユーザーに認知させ、興味を持ってもらう必要があります。動画は、テキストや静止画と違いユーザーに強い印象を与えられる可能性が大きくなるため、集客手段の 1 つとして活用している企業も増加しています。

● 動画制作の注意点

動画は Web 制作とは制作手順や登場人物が異なり、費用も制作する動画の尺（時間）、起用する人物などによって、数十万円からできるものもあれば、数千万円以上の費用が必要なものまで幅はかなり大きくなります。また、演者、ナレーター、BGM などには使用用途や使用可能年数が厳密に決められていることも多いため、動画制作時には注意して確認しておく必要があります。

プラス1 動画は、アニメーションなら 2D（平面）より 3D（立体）のほうが費用が高くなります。使用用途は、Web、テレビ CM などがあり、想定される視聴者数で費用が変動することもあります。

イメージでつかもう！

Webサイトで動画を配信する方法

①Webサイトと同じサーバー上に置いた動画ファイルを読み込む方法

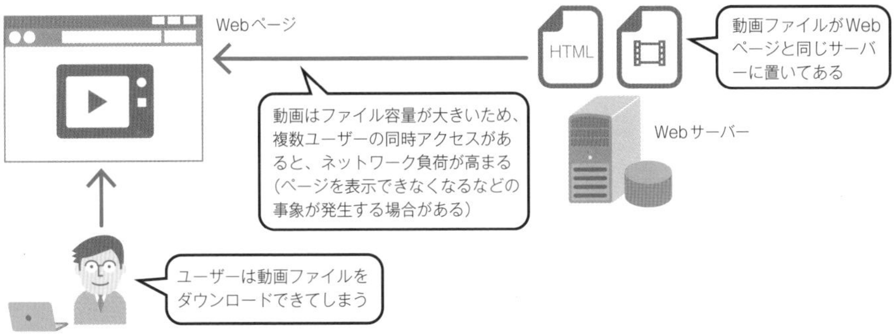

Webページ
HTML
動画ファイルがWebページと同じサーバーに置いてある
動画はファイル容量が大きいため、複数ユーザーの同時アクセスがあると、ネットワーク負荷が高まる（ページを表示できなくなるなどの事象が発生する場合がある）
Webサーバー
ユーザーは動画ファイルをダウンロードできてしまう

②動画配信専用のサーバーに動画を置いて動画を再生させる方法

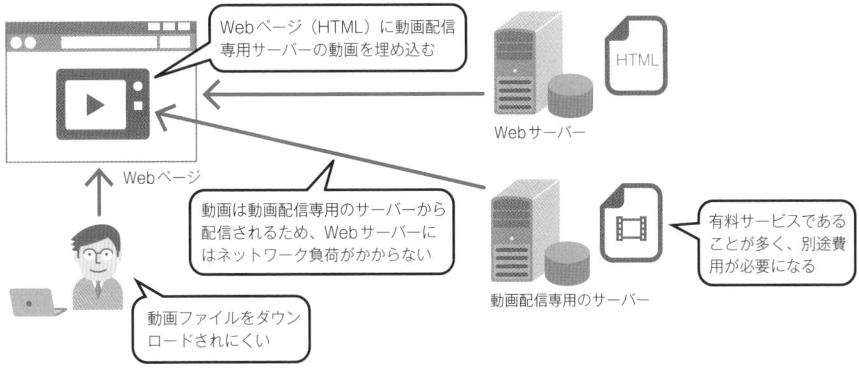

Webページ（HTML）に動画配信専用サーバーの動画を埋め込む
HTML
Webサーバー
Webページ
動画は動画配信専用のサーバーから配信されるため、Webサーバーにはネットワーク負荷がかからない
有料サービスであることが多く、別途費用が必要になる
動画配信専用のサーバー
動画ファイルをダウンロードされにくい

③YouTubeなど外部の動画配信サービス上に置いた動画を再生させる方法

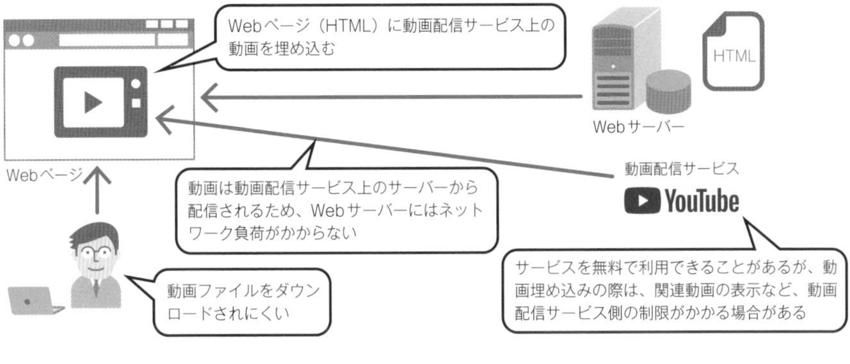

Webページ（HTML）に動画配信サービス上の動画を埋め込む
HTML
Webサーバー
Webページ
動画配信サービス
YouTube
動画は動画配信サービス上のサーバーから配信されるため、Webサーバーにはネットワーク負荷がかからない
サービスを無料で利用できることがあるが、動画埋め込みの際は、関連動画の表示など、動画配信サービス側の制限がかかる場合がある
動画ファイルをダウンロードされにくい

03 メールマガジン

メールマガジンは、購読希望者に対して一斉に配信するメールのことです。Webサイトでの商品購入や資料請求、イベント申込時などでメールアドレスを入力した際に、購読の意思を示したユーザーに配信することが一般的です。

● メールマガジンの種類

メールマガジンには、主に**テキストメール**と**HTMLメール**の2種類と、その2種類を同時に配信する**マルチパートメール**が存在します。テキストメールはその名のとおり文字だけで構成された形式のため、シンプルな表現で情報を伝えます。一方、HTMLメールは画像やHTML・CSSにより豊かなビジュアル表現が可能であり、メール内に掲載できる情報量も多くなります。

● メールマガジンの制作方法、注意点

メールマガジンは、**メールマガジン配信サービス**を利用すると手軽に始められます。メールマガジン配信サービスは、メールの開封率などを取得できることが多いため、取得したデータを分析してより効果的なメールマガジンに改善していくことが可能です。ただし、メール開封の計測はHTMLメールで配信する必要があります。

HTMLメールは画像などにより豊かな表現が可能ですが、ユーザー側のメールソフト（閲覧環境）が画像を表示させない設定になっていることがあり、その場合は情報がきちんと伝わらない可能性があります。そこで、Webサーバー上にメールマガジンと同じ内容のWebページを用意しておき、「画像が表示されない方はこちら」といった補助用のリンクを設けておくことが有効です。テキストメールの場合は確実に情報を届けることが可能ですが、メールソフトのフォント設定などによって改行位置や文字装飾が崩れる場合があるため注意が必要です。マルチパートメールはHTMLメールとテキストメール双方のデメリットを補完できますが、制作コストは高くなります。その他の注意点として、メールマガジンは**一度配信すると取り消すことができない**ため、掲載情報の正確性には十分な注意が必要です。運用にあたっては、**メール内容に不備があった際の対応ルール**を整備しておきましょう。

プラス1 通常、メールで画像を送る場合は画像を添付しますが、HTMLメールは、Webサーバー上に配置した画像ファイルをHTML上から読み込むため、ユーザーに添付画像は送られません。

イメージでつかもう！

メールマガジンの種類

テキストメール

今週のおすすめ紹介！

■■―――――――――――――――――――・・・・
目次
・今週の人気TOP3
・ピックアップアイテム
・バイヤーのおすすめ商品
・セール情報
・・・・―――――――――――――――――――■■

【1】今週の人気TOP3
第1位・・・○○○○の▲▼▲▼
https://www.xxxxxx.jp/xxxxxxxx/xxxxxx.html
第2位・・・■□■□の○○○
https://www.xxxxxx.jp/xxxxxx/
第3位・・・●●●●の◇◆◇◆
https://www.xxxxxx.jp/xxx/xxxxxx.html

テキストのみのシンプルな形式。記号などを装飾的に使うことで見やすくすることが可能

HTML メール

画像が表示されない方はこちら

★ 今週のおすすめ紹介 ★

目次
・今週の人気TOP3
・ピックアップアイテム
・バイヤーのおすすめ商品
・セール情報

■今週の人気TOP3

第1位

○○○○の▲▼▲▼
xxxxのxxxが大人気！注目の品です！

画像、HTML・CSSによって豊かなビジュアル表現が可能。開封率も取得できる

メールマガジンの注意点

今週のおすすめ紹介！

■■―――――――――――――――――・・・・
目次
・今週の人気TOP3

メールソフトのフォント設定などによって改行位置が変わり、文字装飾が思いどおりにならない

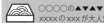

画像が表示されない方はこちら

× 今週のおすすめ紹介

目次
・今週の人気TOP3
・ピックアップアイテム
・バイヤーのおすすめ商品
・セール情報

× 今週の人気TOP2000

× 第1位

画像が表示されないユーザー用にWebページへのリンクを設置しておく
※Webページを制作してWebサーバーに置いておく必要あり

メールソフトなどの設定によっては画像が表示されない
※画像のalt属性（代替テキスト）が設定されていればテキストで表示される

間違えた情報で配信してしまっても取り消すことができない

関連用語 HTML ▶▶▶ P.146 CSS ▶▶▶ P.146

04 Web広告

Web広告は、ユーザーとの接点創出に効果的で、企業のマーケティングに不可欠なチャネルとして認識されています。

● Web広告の特徴

Web広告はテレビCMや街頭や電車内の広告と異なり、**地域、年齢、興味・関心など、配信対象のユーザー属性を絞れる**ことが大きな特徴です。広告費用も、商品購入や資料請求などの成約（コンバージョン）ごとに費用が発生する成果報酬型から、クリックや画面表示ごとに課金される広告などの種類が存在しています。

● ユーザー層の種類、Web広告の種類

Webマーケティングにおいてユーザー層は大きく、無関心層（自社の製品・サービスなどは知らず、そのジャンルに興味・関心も無い層）、潜在的なニーズを持っている層（自社の製品・サービスなどは知らないが、そのジャンルに興味・関心はある層）、ニーズが顕在化している層（自社の製品・サービスなどを知っており、興味・関心も潜在層より大きく、実際に比較検討している層）、顧客層（自社の製品・サービスなどの購入・利用歴がある層）に分けられます。一方、Web広告にも**「リスティング広告」「ディスプレイ広告」「SNS広告」「純広告」**などさまざまな種類があり、適しているユーザー層も異なります。

Web広告運用では、ユーザー層に合わせて利用する広告を選択することで効果を高めることが可能です。各広告の特徴は右図にまとめています。

● Web広告運用の注意点

前述したとおり、Web広告は種類が豊富でユーザーごとに適正があるため、Web広告を何の目的で利用するのかを明確にせず、やみくもに利用しても無駄な費用を使うことになります。また、Web広告には出稿した後も日々微調整をすることで効果が高まる広告もあります。自社で運用する際には、この点も考慮した体制作りをする必要があります。

プラス1 リスティング広告の入札単価は、検索された回数が多いキーワードほど、入札する競合企業も多くなるため、単価が高くなります。このようなキーワードは「ビッグワード」と呼ばれます。

イメージでつかもう！

主なWeb広告の種類

種類	概要・特性
リスティング広告（検索連動型広告）	Google、Yahoo! などの検索サービス上で、ユーザーが検索したキーワードに応じて表示される広告のこと。広告がクリックされた際に費用が発生、1 クリックあたりの費用はキーワードごとに入札する仕組みで、入札単価や広告の品質によって掲載場所が変わる。
ディスプレイ広告	Google、Yahoo! などと提携している Web サイトなどに表示される広告のことで、画像、テキスト、動画形式があり、費用はクリックまたは表示回数ごとに課金されるのが一般的。
SNS 広告	Facebook、Twitter、Instagram などの SNS 上に表示される広告。SNS に登録されているユーザーの情報をもとに細かなターゲット設定が可能なため、さまざまな属性のユーザーにアプローチでき、拡散も期待できる。費用はクリックまたは表示回数ごとに課金されるのが一般的。
純広告	ニュースサイトやあるジャンルの専門サイトなど、特定のメディアが持つ Web サイトなどの広告枠を買って表示する広告のこと。クリックや表示回数課金の他に、表示する期間で費用が発生する場合もある。
リマーケティング広告（リターゲティング広告）	ディスプレイ広告や SNS 広告などから、一度自社サイトに訪れたユーザーに対して再度表示する広告のこと。ユーザーは一度サイトに訪れていることから興味・関心を持っていることがあるため、成約（コンバージョン）の確率が高くなる可能性がある。
動画広告	YouTube などの動画配信サービス上で表示する動画形式の広告のこと。クリックや表示回数課金の他に、再生時間に応じて費用が発生する場合もある。動画形式であるため静止画像に比べて多彩な表現が可能で、認知を高めたい場合に効果的。
記事広告	ニュースサイトや、あるジャンルの専門サイトなどとタイアップして、自社製品やサービスなどを記事として紹介してもらう広告で、記事単位での費用発生が一般的。Web サイトに誘導しなくても詳しい情報を閲覧してもらえる可能性がある。

ユーザー層と広告適正

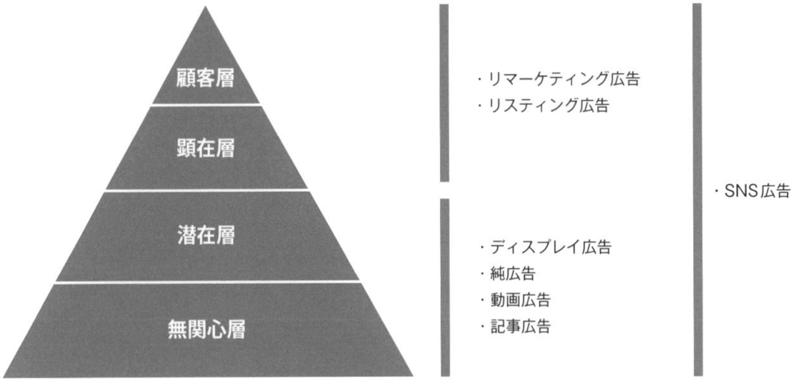
顧客層
顕在層
潜在層
無関心層
・リマーケティング広告
・リスティング広告
・ディスプレイ広告
・純広告
・動画広告
・記事広告
・SNS広告

このユーザー層と広告適性の図は、おおよその目安であり、各広告の中にもさまざまな種類が存在しています。どのユーザー層をターゲットにするのかを検討して、適した広告を選択しましょう。

関連用語 コンバージョン ▶▶▶ P.100

05 SNS（ソーシャルネットワーキングサービス）

Twitter や Instagram などの **SNS（ソーシャルネットワーキングサービス）** は、気軽に情報発信ができ、ユーザーと継続的にコミュニケーションするツールとして、多くの企業が公式アカウントを作り、運用しています。

● SNS の活用方法・メリット

SNS の活用方法は、まず、**商品の販促強化**が挙げられます。一度 SNS でつながれば、ユーザーが Web サイトに訪れなくても新商品やキャンペーンの情報を届けられるため、いち早く認知してもらい購入などにつなげることができます。

その他には、Instagram での魅力的な写真の投稿や、Facebook での自社の歴史やブランドのストーリー、社会貢献活動の報告などによって、**自社に対する理解や企業イメージを向上させる**ことも可能です。また、SNS ではユーザーの反応が期待できるため、**ユーザーから意見を収集して商品やサービスの改善に役立てる**ことも可能です。SNS のメリットとしては**ユーザーによる情報拡散**が挙げられます。SNS は非常に簡単な操作で情報を共有でき、また、ユーザーは友人同士でつながっていることが多いため、共有された情報を見てもらえる可能性も高まります。

● SNS 運用の注意点

SNS には情報拡散のしやすさや、ユーザーのリアルタイムな反応が期待できる半面、リスクも伴います。企業として不適切な内容を発信してしまうと、その反応もすさまじく、マイナスイメージもあっという間に拡散されてしまいます。仮にすぐ投稿を削除したとしてもスクリーンショットを撮られているケースが多く、かえって大きな炎上につながってしまうケースもあります。炎上を予防するためには、**SNS の運用ガイドライン**を策定することが望ましいです。運用ガイドラインでは、投稿において、個人や競合他社の誹謗中傷をしないなどのルールを定めましょう。また、万が一の炎上に備えて、社内エスカレーション方法や意思決定者などを取り決めておき、対応遅れによるさらなる炎上の回避策を講じておきましょう。

プラス1 国内での利用者数が多い SNS としては、LINE、Twitter、Instagram、Facebook が有名です。

イメージでつかもう！

SNSの特徴

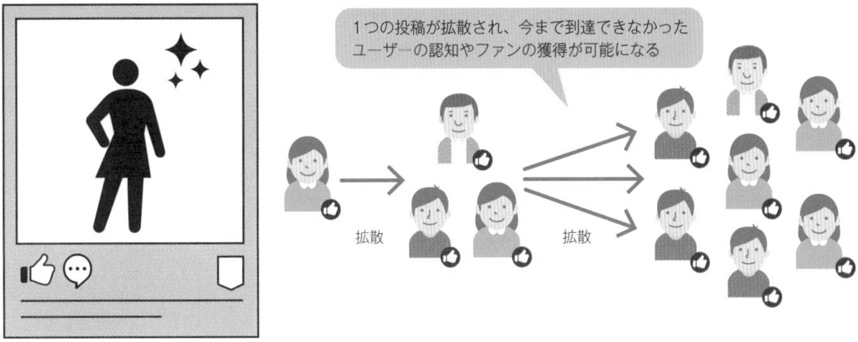
1つの投稿が拡散され、今まで到達できなかったユーザーの認知やファンの獲得が可能になる
拡散
拡散

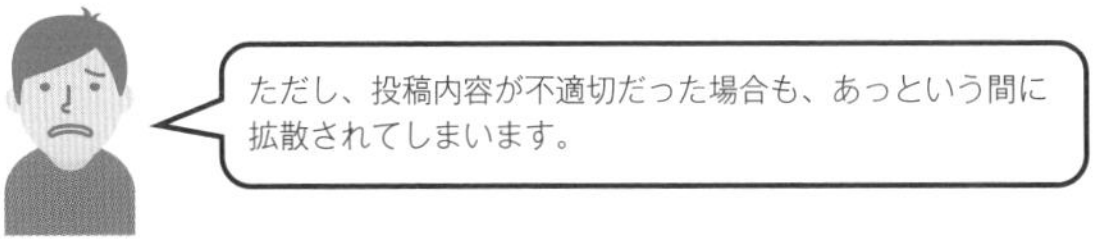
ただし、投稿内容が不適切だった場合も、あっという間に拡散されてしまいます。

SNS運用ガイドラインで決めておくべきこと

項目	内容
基本方針	SNSへの向き合い方、姿勢、考え方、目的などを明確化
SNSの特徴、メリット・デメリット	SNSならではの特徴、メリット・デメリット、リスクなどについて記載
投稿内容のトーン＆マナー	絵文字の利用や、口調、文章の柔らかさなど、推奨する表現、可能な表現などに分けて整理
投稿における禁止事項、注意事項	誹謗中傷の禁止、秘密情報の保護、情報の正確性の確保などを記載
運用体制	関係する部署、投稿する情報の責任範疇・役割を記載
アカウントの管理方法	投稿アカウントや権限の管理方法、管理者などを記載
投稿までの運用フロー、承認フロー	投稿記事の企画から記事内容の精査、チェックポイント、最終承認者などを記載
投稿頻度、投稿日時	定期投稿の日時、日・週の投稿数上限などを記載
トラブル発生時の対応方法	トラブル発生時のエスカレーションフロー、意思決定者、連絡先、連絡方法などを記載

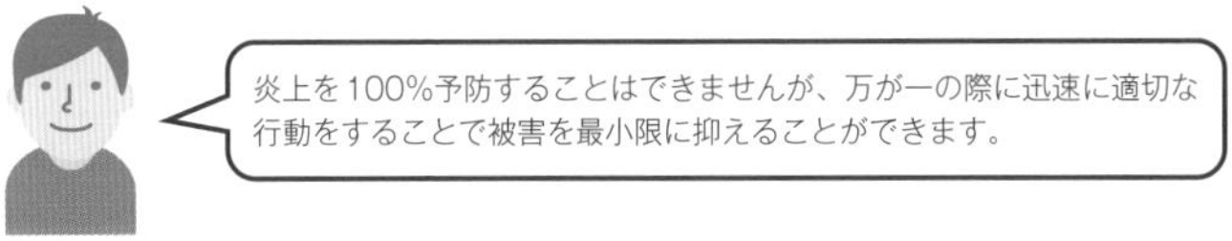
炎上を100%予防することはできませんが、万が一の際に迅速に適切な行動をすることで被害を最小限に抑えることができます。

関連用語 Web ガバナンス ▶▶▶ P.80

06 LP（ランディングページ）

LP（ランディングページ）は、広義にはWebサイトの中でユーザーが最初に訪れた（ランディングした）ページのことを表す言葉ですが、狭義にはWeb広告などから誘導して、自社の製品・サービスなどをアピールして購入や資料請求などの成約（コンバージョン）に直結させることを目的としたページのことを言います。ここでは後者のLPについて解説します。

● WebサイトとLPの作りの違い

通常、ユーザーがWebサイトから購入や資料請求などのコンバージョンに至るには、Webサイトでその製品、サービスの概要やメリット・デメリットなどを調べてから行動します。具体的には、Googleなどの検索サービスでキーワード検索を行い、検索結果からWebサイトに訪問し、Webサイト内のナビゲーションなどから自分の求めるページを探して概要などの情報を探します。この間、ユーザーはWebサイトに訪れてから、自分の欲しい情報がどこにあるのかを探しながら、数ページ閲覧することになります。Webサイトに訪れるユーザーは属性も目的もさまざまなため、情報をカテゴリーごとに分類して用意しておき、ユーザー自身に情報を見つけてもらうことはWebサイトの正しい作り方です。ただし、ユーザーにとっては情報を探す手間があるため、少なからずストレスがかかり、情報を見つけられない場合にはWebサイトから離脱してしまいます。これに対して、**LPはWeb広告などからの誘導に対して用意しておくページです。**Web広告はユーザー層や属性に合わせて出稿できるため、**LPも属性や目的が絞り込まれた状態のユーザーに特化した作り方をすることが可能になります。**そのようなユーザー向けには、必要な情報を1ページに凝縮して掲載することで、ユーザーが情報を探す手間を省き、LPの情報を閲覧してもらった後は、購入や資料請求などに進んでもらうだけ、といったシンプルな導線にすることができます。これにより、離脱を防ぎ、コンバージョンの確率を高めることが可能になります。LPはこのような特性があることを考慮して作成しましょう。

プラス1　LPは、必要な情報を1ページに凝縮して掲載するため、ページが長くなりがちです。成約率を高めるために、コンバージョンのリンクはページ内にいくつか設置することが多いです。

イメージでつかもう！

Webサイトと LPの作りの違い

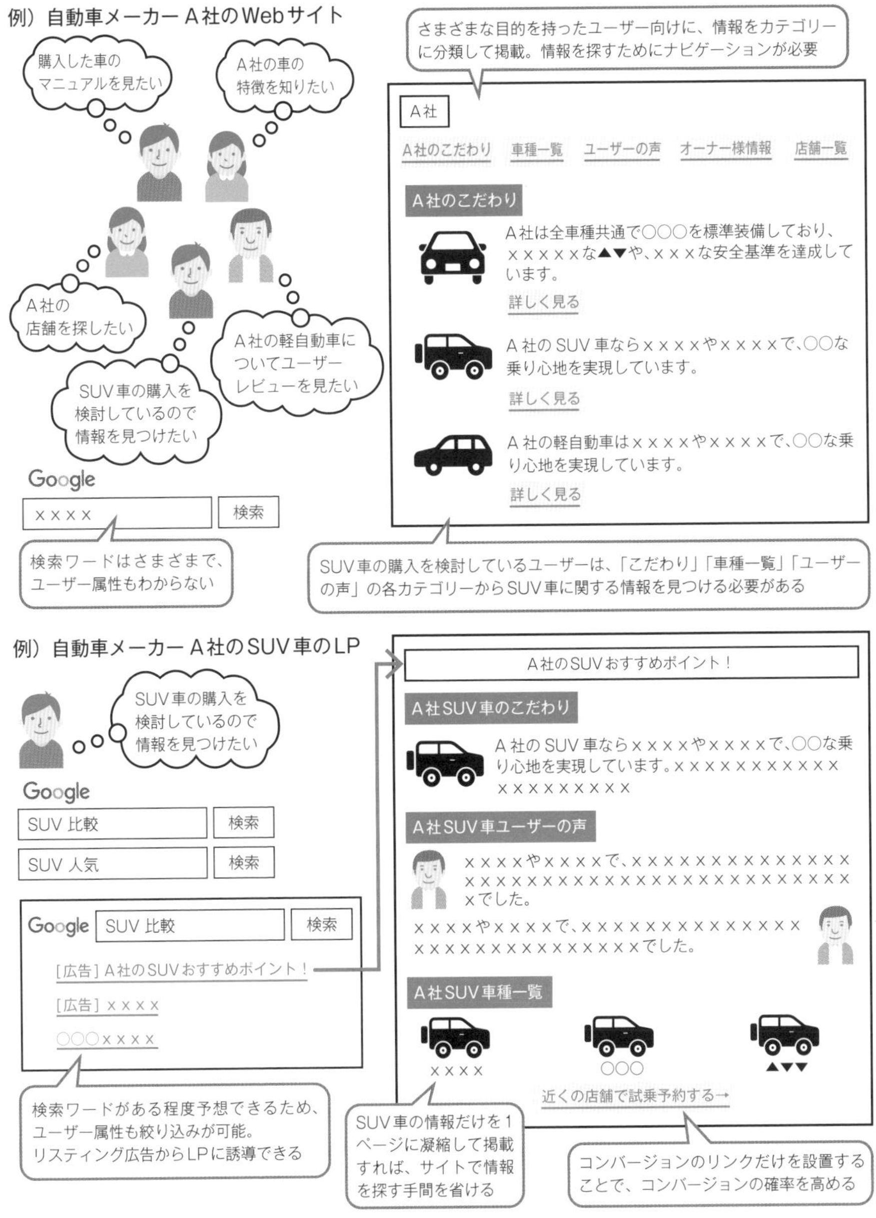
例）自動車メーカー A社のWebサイト
購入した車のマニュアルを見たい
A社の車の特徴を知りたい
A社の店舗を探したい
A社の軽自動車についてユーザーレビューを見たい
SUV車の購入を検討しているので情報を見つけたい
Google
××××
検索
検索ワードはさまざまで、ユーザー属性もわからない
さまざまな目的を持ったユーザー向けに、情報をカテゴリーに分類して掲載。情報を探すためにナビゲーションが必要
A社
A社のこだわり
車種一覧
ユーザーの声
オーナー様情報
店舗一覧
A社のこだわり
A社は全車種共通で○○○を標準装備しており、×××××な▲▼や、×××な安全基準を達成しています。
詳しく見る
A社のSUV車なら××××や××××で、○○な乗り心地を実現しています。
詳しく見る
A社の軽自動車は××××や××××で、○○な乗り心地を実現しています。
詳しく見る
SUV車の購入を検討しているユーザーは、「こだわり」「車種一覧」「ユーザーの声」の各カテゴリーからSUV車に関する情報を見つける必要がある
例）自動車メーカー A社のSUV車のLP
SUV車の購入を検討しているので情報を見つけたい
Google
SUV 比較
検索
SUV 人気
検索
Google
SUV 比較
検索
[広告] A社のSUVおすすめポイント！
[広告] ××××
○○○××××
検索ワードがある程度予想できるため、ユーザー属性も絞り込みが可能。リスティング広告からLPに誘導できる
A社のSUVおすすめポイント！
A社SUV車のこだわり
A社のSUV車なら××××や××××で、○○な乗り心地を実現しています。××××××××××××××××××××
A社SUV車ユーザーの声
××××や××××で、×××××××××××××××××××××××××××××××××××××××でした。
××××や××××で、×××××××××××××××××××××××××××××××でした。
A社SUV車種一覧
××××
○○○
▲▼▼
近くの店舗で試乗予約する→
SUV車の情報だけを1ページに凝縮して掲載すれば、サイトで情報を探す手間を省ける
コンバージョンのリンクだけを設置することで、コンバージョンの確率を高める

関連用語 Web サイト ▶▶▶ P.106

07 Webと別のチャネルのユーザー接点をつなげる

Webサイトでは、Webサイト上のユーザーの行動データ（アクセスデータ）を蓄積することができます。計測方法にもよりますが、Googleアナリティクスなどのツールであれば、ユーザーがどこからWebサイトに来て、どのページを見て、どのページから離脱したか、といったデータを閲覧することができます。会員制のサイトなどで、メールアドレスなどのユーザー情報を取得している場合は、さらに、ユーザーを特定してデータを閲覧することもできます。**Webサイトは UXの中でユーザーが接触する1つのチャネルでしかありませんから、ほとんどの場合、Webサイトの前後には他のチャネルが存在しています。**もし、Webサイト上の行動データを他のチャネルと連携できれば、ユーザーによい体験を与えられる可能性が高まります。

例えば、自社の営業スタッフAが、既存顧客Bに対面の打ち合わせで新商品を紹介したとします。顧客Bがあまり興味を示しているように見えなかったので、商品紹介のURLだけをメール連絡することにして、その日の打ち合わせは終了したのですが、実は、顧客Bは商品に興味を持っており、メール内のURLをクリックし商品のページを見ていました。

このような場合に、メールのURLからWebサイトに訪れたユーザーが顧客Bであることを、営業スタッフAに教えることができたとしたらどうでしょうか。営業スタッフAが顧客Bに対して再度アクションを起こした結果、顧客Bには、「実は興味のあった商品をスムーズに購入できてうれしい」というユーザー体験を与え、営業スタッフAは「売上や顧客満足度の観点から自社に貢献できた」という結果を得られる可能性があります。

このように、Webと別のチャネルのユーザー接点をつなげることで、ユーザーによい体験を与えるとともに、企業はマーケティングを強化できます。

ただし、**Webサイト上のアクセスデータをマーケティング利用する場合は、ユーザーの許諾が必要になります。**個人情報保護方針で利用目的や利用範囲をユーザーに開示して対応しましょう。

プラス1 個人情報保護については、保護方針や基準が年々厳格になっています。改正個人情報保護法など、関連する法律を確認して知識を持っておきましょう。

イメージでつかもう！

ユーザー接点をつなげる

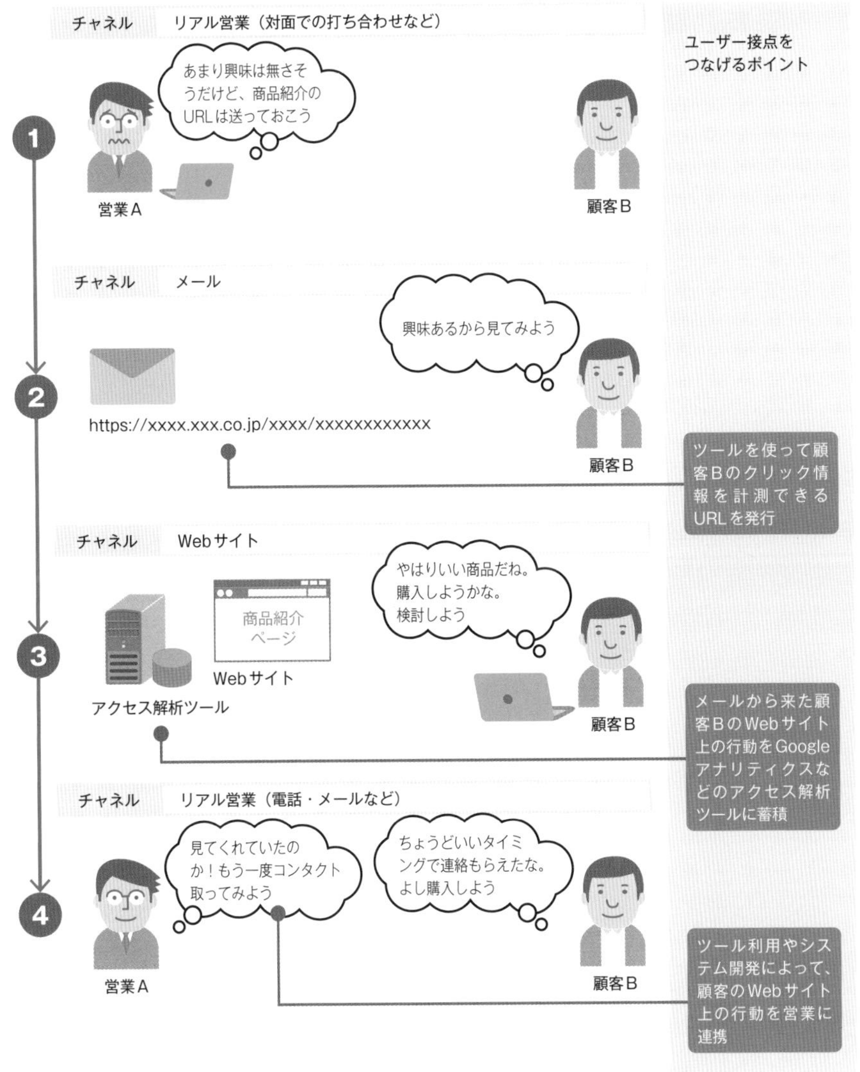

チャネル　リアル営業（対面での打ち合わせなど）
ユーザー接点をつなげるポイント
1
あまり興味は無さそうだけど、商品紹介のURLは送っておこう
営業A
顧客B
チャネル　メール
興味あるから見てみよう
2
https://xxxx.xxx.co.jp/xxxx/xxxxxxxxxxxx
顧客B
ツールを使って顧客Bのクリック情報を計測できるURLを発行
チャネル　Webサイト
やはりいい商品だね。購入しようかな。検討しよう
3
商品紹介ページ
Webサイト
アクセス解析ツール
顧客B
メールから来た顧客BのWebサイト上の行動をGoogleアナリティクスなどのアクセス解析ツールに蓄積
チャネル　リアル営業（電話・メールなど）
見てくれていたのか！もう一度コンタクト取ってみよう
ちょうどいいタイミングで連絡もらえたな。よし購入しよう
4
営業A
顧客B
ツール利用やシステム開発によって、顧客のWebサイト上の行動を営業に連携

何もしなければ各ユーザー接点をつないで顧客の行動を追うことは難しいですが、さまざまなツールやシステム開発を行うことで、接点をつないで1本の線にすることが可能です。

関連用語　個人情報保護 ▶▶▶ P.28

COLUMN

MA、SFA、CRM

カスタマージャーニーマップ（3-5節参照）を作るとわかりますが、カスタマージャーニーの中でユーザーが接触するチャネルはさまざまで、Webサイトの前後で他のチャネルと接触しています。メールマガジンがWebサイトにユーザーを集客する（つなげる）チャネルであるように、Webサイトも後続につなげるためのチャネルであるとも言えます。企業の営業活動の中で近年頻出するツールとして、**MA、SFA、CRM**があります。これら3つのツールはすべて営業業務の支援に利用されるツールなのですが、それぞれ得意とする領域が異なります。

【MA】は、「マーケティング オートメーション」の略で、その名のとおり、マーケティングを自動化するツールです。**見込み顧客の発見・獲得、見込み顧客の育成を得意としています。**例えば、Webサイトに訪れたユーザーの行動をスコアリングして見込み顧客を発見し、求められている情報の表示やメールの自動送付などで育成し、商談などにつなげることが可能です。

【SFA】は、「セールス フォース オートメーション」の略で、日本語では「営業支援システム」と訳されます。**見込み顧客との商談から受注までの支援を得意としています。**具体的には、見込み顧客に対してとったアプローチやその反応、営業時の具体的な内容を管理し、見込み顧客に対して有効な次のアクションを教えてくれるといったツールです。

【CRM】は、「カスタマー リレーションシップ マネジメント」の略で、日本語では「顧客関係管理」と訳されます。その名のとおり、**顧客になったユーザーとの良好な関係を構築・維持することを得意としています。**Webサイトやリアルなコミュニケーションなどのデータを蓄積することで、顧客が求めているものや、今後どのようにフォローしていくべきかなどをアドバイスしてくれるツールです。

これらのツールとWebサイトを連携することで、UXを向上させることが可能になりますので、機会があれば活用を検討してみてはいかがでしょうか。

Chapter

6

Webサイトの構造を考える

本章では、Web サイトの構造を考えるうえで必要な整理方法や、コンテンツの設計方法、ナビゲーション設計やワイヤーフレームの作成方法、アプリ機能などの導入方法を解説します。

01 サイト構造の検討プロセス

Webサイトをどんな構造・構成で作成するか、**IA(Information Architecture、情報アーキテクチャ)** を用いて検討します。IAとは、情報をわかりやすく伝え、ユーザーが情報を探しやすくするための技術の総称です。前工程でモデリングしたユーザーの動きを想定して、情報を体系的に整理し、サイト構造を検討します。

● コンテンツを分類して理解し、体系化する

新規にWebサイトを作成する場合は、目的や構想を踏まえサイトに必要なコンテンツの洗い出しを行い、既存サイトであれば対象となるサイトのコンテンツを抽出します。抽出したコンテンツを、更新頻度、掲載期間、情報量、表現方法や関連する情報の有無などで分類して、コンテンツに対する理解を深め、Webサイトでどのように表現するかを考えます。

次に、ペルソナやユーザーシナリオ、カスタマージャーニーといった前工程の調査・分析結果で得られた「ユーザー」の「コンテクスト」に沿って、コンテンツを体系的に整理します。

● ハイレベルサイトマップの作成

コンテンツの分類や体系的な整理と並行して、サイト構造を**ハイレベルサイトマップ（図1）**として図式化します。ハイレベルサイトマップは、サイトの骨格とも言える大まかな情報構造を示すもので、サイトの全体像を俯瞰的に捉え、サイト構築に携わるメンバー全員が共通認識を得る目的で作成します。

構造化にはいくつかのパターン（図2）があり、一般的に複数のパターンを組み合わせて作成することが多いです。

● 詳細サイトマップの作成

ハイレベルサイトマップで決めたサイト構造を踏まえ、コンテンツを構成するページ単位でサイトの全容を把握・管理するために作成します。詳細サイトマップは、一覧性を重視してExcelなどで表形式で作成します。詳しくは6-4節で解説します。

イメージでつかもう！

（図1）ハイレベルサイトマップの例

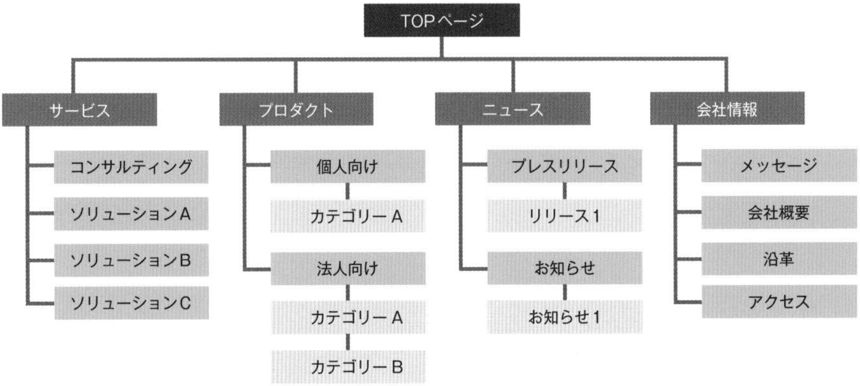
TOPページ
サービス
コンサルティング
ソリューションA
ソリューションB
ソリューションC
プロダクト
個人向け
カテゴリーA
法人向け
カテゴリーA
カテゴリーB
ニュース
プレスリリース
リリース1
お知らせ
お知らせ1
会社情報
メッセージ
会社概要
沿革
アクセス

（図2）構造化パターン

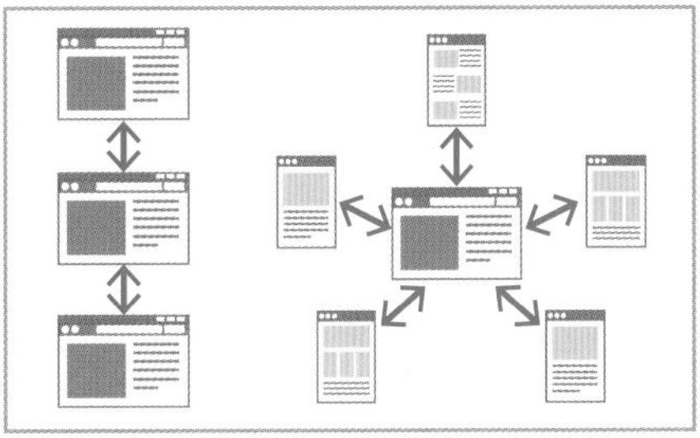

●直線型

直線的に順序立てて連なるシンプルな構造。
購入フォームや検索サイトなどで採用されている。

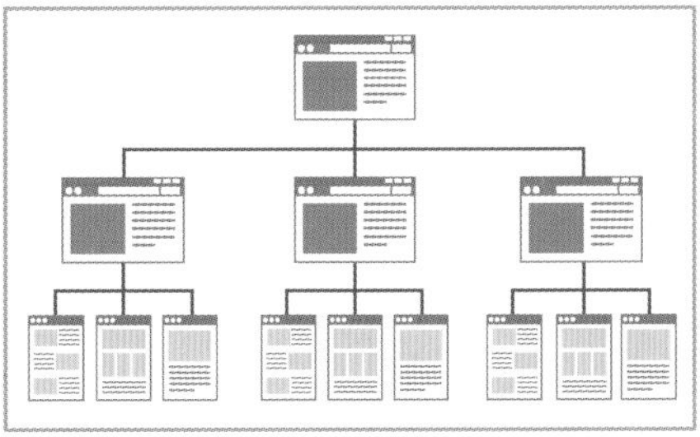

●階層型

ツリー状の親子関係で整理する一般的な構造。
企業サイトなどで採用されている。

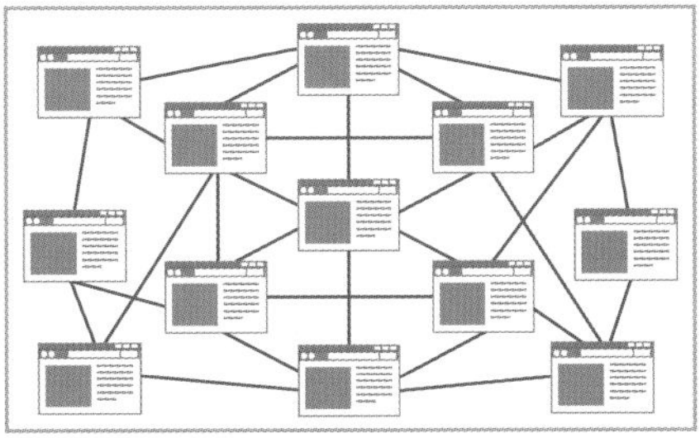

●くもの巣型

階層や直線的な構造に依存せず相互にリンクする構造。
SNSなどで主に採用されている。

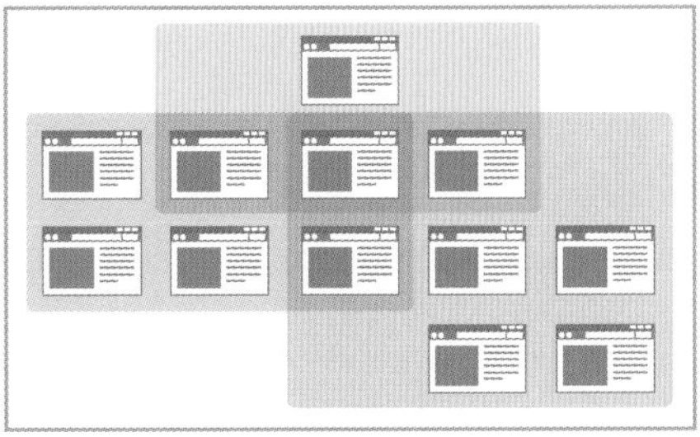

●ファセット型

階層型が進化して複数のカテゴリーに子が属することができる。ECサイトなどで採用されている。

関連用語　ペルソナ ▶▶▶ P.62　ユーザーシナリオ ▶▶▶ P.64　カスタマージャーニー ▶▶▶ P.64

02 コンテンツ設計

Webサイトの目的を踏まえ、**誰に向けてどんなコンテンツを作るべきなのか**検討を行います。ペルソナ法などを使いターゲットとなるユーザー像を明確にし、ユーザーシナリオやカスタマージャーニーなどで整理したユーザーの行動に沿って、必要なコンテンツをどのように構成したらよいかを検討します。

● コンテンツ設計とは

コンテンツ設計とは、Webサイトを発信する企業側と、Webサイトに訪れるユーザー双方の目的を達成できるよう、具体的な掲載内容や構成を決めることです。

例えば、エステサロンなど店舗で直接施術を行う業態であれば、施術予約をしてもらうことが目的となります。一方でユーザーの目的は、数あるエステサロンから絞り込み、予約して施術を受けることが目的になるでしょう。この場合、どのようにユーザーを誘導すべきでしょうか？

施術予約をしてもらうためには、施術メニューや料金を伝え、施術後の効果や、サロンの雰囲気、利用者の声などサロン選択の後押しとなる情報をスムーズに取得できるような消費者の購買プロセスに沿った構成が必要です。

● コンテンツの継続的な改善を

また、コンテンツを考えるうえで、ユーザーはあなたのWebサイトだけを見て判断しているわけではないことを考慮しておくべきです。**ユーザーは競合する企業のサイトや、比較サイト、SNSなどの口コミ、友人との会話などさまざまな情報から判断し選択をしています。**

さらに、ユーザーがサイトに訪れる目的は1つではありません。具体的な予約や購入に至る前に、情報収集や確認、他社との比較を目的に訪れる場合もあります。

ユーザーの行動を深く洞察し、目的達成に有効なコンテンツを生み出すためには、競合他社のコンテンツ内容や構成を調査し、自社と比較するなど、**客観的に自社の強みや他社との違いをどのようにアピールすべきかを考え、改善を継続していくこと**が必要です。

プラス1　コンテンツ設計を行ううえで、顧客の行動を深く考察することが重要です。例えば、Webサイトの構築前でもプロトタイプを作成してユーザーテストを行うなどのアプローチが有効です。

イメージでつかもう！

顧客体験をデザインしよう

コンテンツを設計するうえで、消費者の購買行動プロセスに沿って検討を進めるとスムーズです。AISCEAS（アイセアス）は、インターネットが広く普及した現在における新しい行動を取り込んだモデルで、アンヴィコミュニケーションズの望野和美氏によるものです。その他、電通が提唱したAISAS（電通の登録商標）が有名です。

例）エステサロン予約の場合

プロセス			既存顧客	
			コンタクトポイント	コミュニケーション目標
認知段階	A Attention	注意	テレビCM マス広告 メディアサイト	潜在層への認知向上
認知段階	I Interest	興味	口コミ ランキング SNS	利用動機の喚起
感情段階	S Search	検索	検索エンジン サロン予約サイト	サービスに対する評価の育成（優位性訴求のための評価軸の提供）
感情段階	C Comparison	比較	比較サイト ブログ	
感情段階	E Examination	検討	Webサイト	
行動段階	A Action	購買	Webサイト サロン予約サイト	施術予約
行動段階	S Share	情報共有	口コミ SNS	認知機会の創出

※AISCEASの法則：提唱者＝アンヴィコミュニケーションズ 望野和美氏

関連用語 ペルソナ ▶▶▶ P.62　カスタマージャーニー ▶▶▶ P.64

03 ナビゲーション設計

Webサイトに訪れたユーザーを目的の情報へスムーズに導くためには、**ユーザー視点に立ったナビゲーションの設計**が求められます。

ナビゲーションの設計方法

ユーザーがWebサイトに最初に訪れる地点（ナビゲーションの起点。**着地点**と言います）から目的の達成地点へスムーズにたどり着けるよう、着地点に応じてナビゲーションを設置します。

検索結果から末端ページへ流入するなど、着地点はトップページだけとは限らないため、階層的に上位から下位へ（サイト⇒カテゴリー⇒ページ）向かう導線だけでなく、末端のページから上位や並列的な情報へ向かう導線、さらに6-1節で触れた構造化パターンなどを踏まえ、サイト内をどのように回遊させ、目的の情報に導けばよいかを考えます。

ナビゲーションの種類と特徴

ナビゲーションはいくつかの種類を組み合わせて使用します。

代表的なナビゲーションの種類と特徴

名前	特徴
グローバルナビゲーション	すべてのページの決まった位置（主にヘッダーやフッター）に常設する、Webサイト全体を横串で移動できるナビゲーション。情報構造、機能、対象者、利用頻度などで構成する
ローカルナビゲーション	グローバルナビゲーションの下位にあたる同一カテゴリー内の移動を可能にするナビゲーション。グローバルナビゲーションで採用した構成方法に従って作成する
関連ナビゲーション	ページの文脈としての関連性で構成するナビゲーション
パンくずナビゲーション	表示しているページ（現在位置）とそれまでの経路を表示するナビゲーション。経路の表示方法は階層表示と、現在位置に至る経路を表示する方法がある
ページネーション（ページング）	複数ページで構成されるコンテンツを行き来するために使用するナビゲーション。1ページの情報量が多い場合や、コンテンツを段階的に閲覧させる目的で使用する
ステップナビゲーション	入力フォームなど、一定の順序でいくつかのステップに分けて情報を入力するような画面で使用する。前後の移動や、現在位置やゴールまでの道のりを数値で表現する
検索ナビゲーション	選択形式とは異なり、検索キーワードによって必要な情報を提示する形式のナビゲーション。サイト上部に設置され、グローバルナビゲーションに内包されることが多い

プラス1 ナビゲーション設計の鉄則は、画面の目的に沿って必要最小限のナビゲーションを設置することにあります。また、主導線として設置するボタンなどもナビゲーションの1つです。

イメージでつかもう！

代表的なナビゲーション例

●グローバルナビゲーション／検索ナビゲーション

すべてのページの決まった位置に常設する、Webサイト全体を横串で移動できるナビゲーション

Logo
menuA menuB menuC menuD menuE
Logo
サイト内検索
menuA
menuB
menuC
menuD
menuE

●ローカルナビゲーション

グローバルナビゲーションの下位にあたる同一カテゴリー内の移動を可能にするナビゲーション

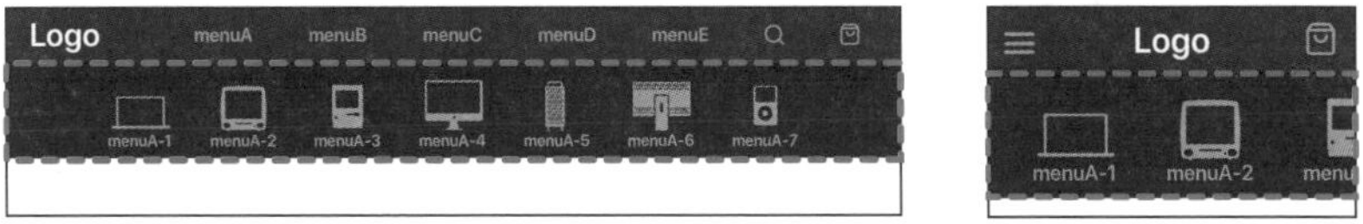
Logo
menuA menuB menuC menuD menuE
menuA-1 menuA-2 menuA-3 menuA-4 menuA-5 menuA-6 menuA-7
Logo
menuA-1 menuA-2

●関連ナビゲーション

当該ページの文脈としての関連性で構成するナビゲーション

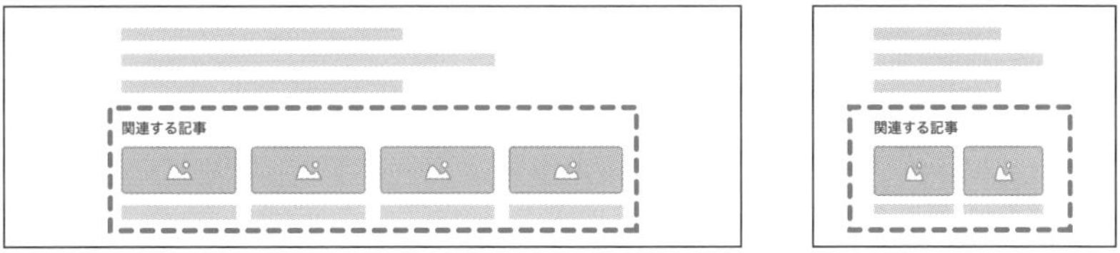
関連する記事
関連する記事

●ページネーション

複数ページで構成されるコンテンツを行き来するために使用するナビゲーション

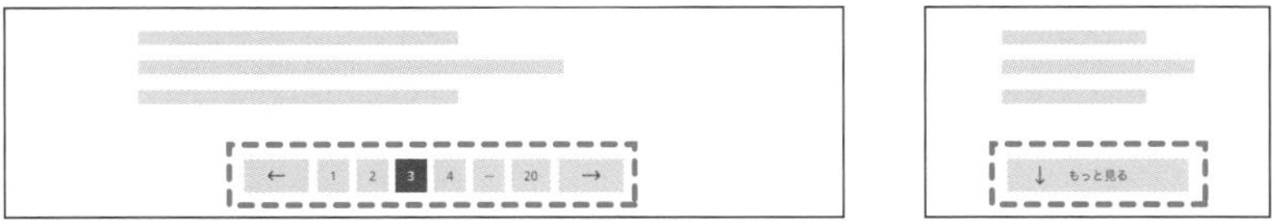
← 1 2 3 4 … 20 →
↓ もっと見る

●ステップナビゲーション

直列的に情報を入力するような画面で使用するナビゲーション

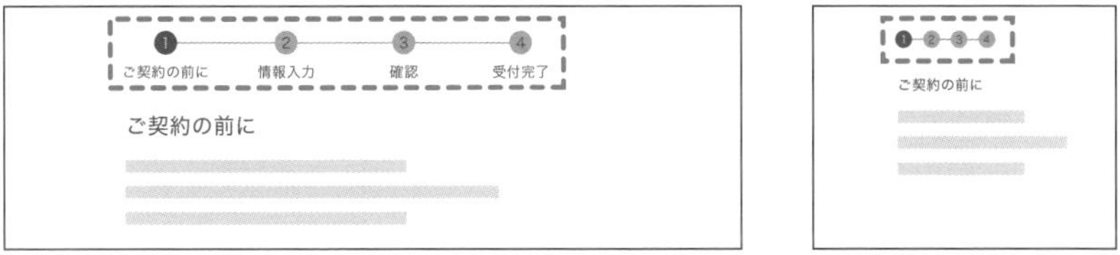
1 2 3 4
ご契約の前に 情報入力 確認 受付完了
ご契約の前に
1 2 3 4
ご契約の前に

04 詳細サイトマップ

ハイレベルサイトマップはサイトを俯瞰的に捉えることを目的に作成しました。**詳細サイトマップ**は、ページ単位で仕様や構成を詳細に定義し、サイトの全容を把握する目的で作成します。

● 詳細サイトマップで定義すべき要素

詳細サイトマップでは、各ページ単位の仕様として定義すべき事項を抽出して整理します。

定義例

定義名	内容説明
ページID	固有のIDを設定すると管理しやすい
ページ名	ページのタイトル
ページ説明	SEOやSNS向けにMETA情報（HTMLのmeta要素）としてページの説明を記述する
キーワード	SEO目的でMETA情報としてキーワードを記述する
カテゴリー	ページが所属する階層やカテゴリー
ファイルパス	ファイルパスやURL
レイアウトパターン	ページのレイアウトパターンが定義されている場合はそのパターン名
旧URL	リニューアルの場合は以前のURLなどを記載し、前後関係の把握などにも用いることがある
コンテンツ表示有無	特定のコンテンツを表示するかどうかなど、ページ単位で仕様を記載する
…	…

詳細サイトマップにページ単位の固有情報を集約しておくことで、CMSに情報を入力したり、ツールを使ってHTMLファイルを生成したりと、さまざまな活用が可能です。また、ページ単位の作成スケジュール策定や進捗管理にも利用するなど、各ページの情報を集約することになるため、「ページ一覧」と呼ぶ場合もあります。

● 詳細サイトマップの作成方法

詳細サイトマップは、いわばWebサイトのページ単位の管理台帳であり、一覧性を重視してExcelなどで表形式で作成します。

イメージでつかもう！

● 詳細サイトマップの例

詳細サイトマップは主にExcelで作成することが多く、フィルタやソート機能などを用いることで、容易に整理することができます。Excel関数などを使って文字数をカウントしたり、新旧の一覧をVLOOKUP関数などで比較するなど、さまざまな使い方ができます。

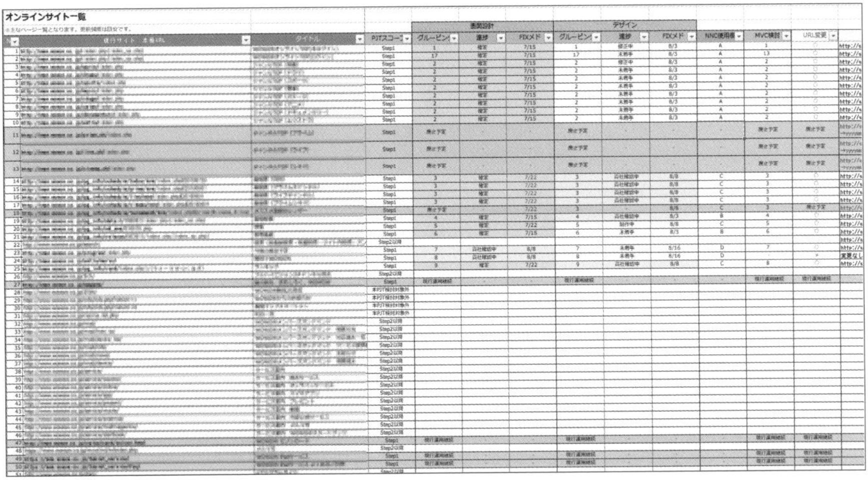
オンラインサイト一覧
画面設計
デザイン
PJTスコープ
グルーピング
進捗
FIXメド
NNC使用有無
MVC検討
URL変更

● ページレイアウトパターン

ページごとにコンテンツ内容や目的、また、位置する階層などからページをパターン化して整理することで、制作を進めるうえでのグルーピングやそれらにかかる工数の算出などにも有効です。
以下に代表的なパターンを示します。

●TOPページ
サイトのトップページ

●インデックス
カテゴリーのトップページなど

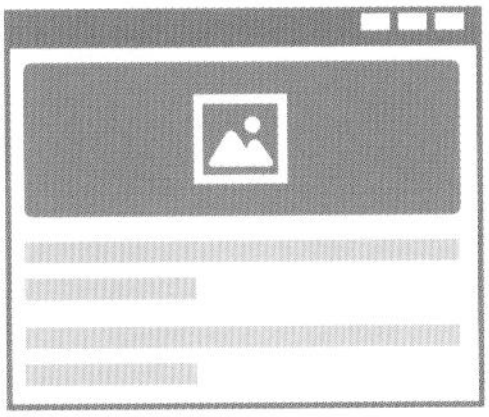

●コンテンツ
製品情報などが掲載される記事ページ

●フォーム
問い合わせなどのフォーム機能

05 ワイヤーフレーム

Web制作における**ワイヤーフレーム**とは、Webページの骨格を定義するための成果物で、画面を設計する初期段階の画面イメージとして作成するものです。サイト構築に携わるメンバー全員が共通認識を持つためのコミュニケーションツールとして、その目的に応じて作成レベルが変化します。

ワイヤーフレームで最低限可視化すべき要素

ワイヤーフレームは、ページの情報構成・骨格を示すことを目的に作成します。

- **エリア定義**：ナビゲーションやコンテンツなど、ページを構成する要素を配置するエリアを定義し、構成要素の配置サイズを可視化します。
- **コンテンツの重み付け**：各コンテンツの情報としての重要度や優先順位を、配置位置と大きさで表現することで可視化します。
- **コンテンツ種類**：配置した要素がテキストなのか画像なのか、それらの量や配置占有する大きさなどを可視化します。

ワイヤーフレームの目的と内容

ワイヤーフレームは、メンバー間のコミュニケーションツールとしての性格があり、具体的なコンテンツ内容を挿入し仕上がりイメージの共有を図る目的で使用することもできます。リニューアルの場合は、既存サイトのイメージを踏襲して情報構成を組み替える際に、グラフィックデザイン要素を組み込み、より具体的なイメージを共有することで、コミュニケーションが促進される場合もあります。

ワイヤーフレームの作成方法

コミュニケーションツールという性格上、内容はわかりやすく、変更が容易で素早く編集できることが重要です。画面イメージの精緻化が目的であれば、Adobe XDやSketch、FigmaなどのWebデザインツールを使用したり、メンバー間で相互に編集して共有することが目的ならば、PowerPointやExcelなどのOfficeソフトを使用したり、目的によって作成方法やツールを選定します。

プラス1 ワイヤーフレームは関係者間の同意を得るための最良のツールですが、UIデザイナーの自由度を奪うこともあります。難易度が高い場合はワイヤーフレームの作成から彼らに依頼すべきです。

イメージでつかもう！

ワイヤーフレームの例

以下はドローソフトで作成した例ですが、手書きのスケッチで作成したり、Webデザインツールで作成したり、作成方法はさまざまです。ワイヤーフレームを作る目的を考えて作成方法を検討しましょう。

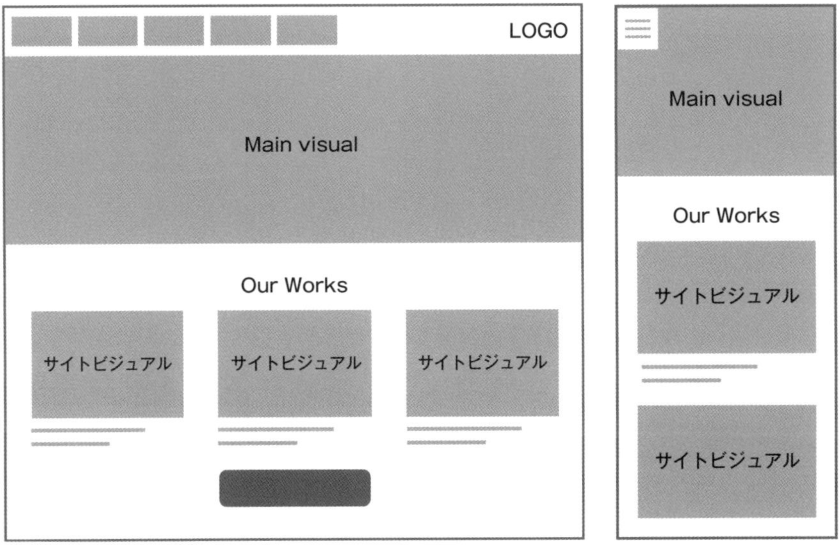
LOGO
Main visual
Our Works
サイトビジュアル
サイトビジュアル
サイトビジュアル
Main visual
Our Works
サイトビジュアル
サイトビジュアル

ワイヤーフレームを作成する目的

ワイヤーフレームはサイト構築にかかわるメンバー間でサイトの画面イメージを共有するために作成するもので、役割によってその捉え方が異なります。

●マネージャー
要件に対して情報の配置や機能に認識違いがないか画面イメージで確認したい

●デザイナー
グラフィックデザインを作成するために、情報の配置や重み付けを確認したい

●設計担当者
設計意図が他のメンバーにしっかり伝わっているか、意見を集約して仕上がり画面イメージの共有を図りたい

●コーダー・エンジニア
技術的に制作可能なレイアウトなのか？機能的に実現可能か？などを確認したい

06 よく使われる機能の導入方法

Web サイトには、サイト内検索や問い合わせフォーム、よくあるご質問など、サイトの目的によって必要となる機能があります。これらよく使われる機能の導入方法や採用にあたっての注意点を説明します。

● よく使われる機能の導入方法

Web サイトでよく使われる機能は **ASP(Application Service Provider) や SaaS(Software as a Service) などのサービスを利用して導入する**のが近道です。もし、機能をゼロから開発した場合、開発会社の選定や要件定義、開発工程、テストなどが必要となり、多くの時間とコストがかかります。

Web サイトの企画初期では、スモールスタートで必要な機能は ASP サービスなどを活用することで時間とコストを抑えることができます。例えばリアル店舗でのキャッシュレス決済にクラウドを活用したサービスやスマートフォンを活用した決済が広がっているように、すべてを自前でまかなうのではなく、必要なサービスを組み合わせることで、コンテンツや商品の中身に力を注ぐことができます。

● サービスの選定方法

サービスの選定にあたっては、以下の順序で検討を行います。

1. 必要な機能の洗い出し
2. 必要な機能を目的ごとに分類
3. 必要な機能に優先順位を設定
4. 必要な機能を有する候補サービスのリストアップ
5. 候補サービスを 5 つ程度ピックアップし、2、3 で整理した内容をもとに比較検討

必要に応じてサービスのデモを依頼して確認を行い、必要な機能が具備されているか確認するとともに、**導入手順や設定方法、設定に必要なスキルセット、設定サポートや利用開始後のサポートの有無**などを確認します。

セキュリティリスクへの対応や、サービス品質が低下した際の対応がどのように定義されているかなども確認しておくとよいでしょう。

イメージでつかもう！

ASPとSaaSの違い

ASPとSaaSの主な違いは、シングルテナントとマルチテナントの違いと捉えておけばよいでしょう。しかし、マルチテナント型でASPと呼称している例などもあり、実際にはその区別はあいまいです。クラウド利用が進んだ現在では両者の違いはほとんどないと言えます。

●ASP（シングルテナント）

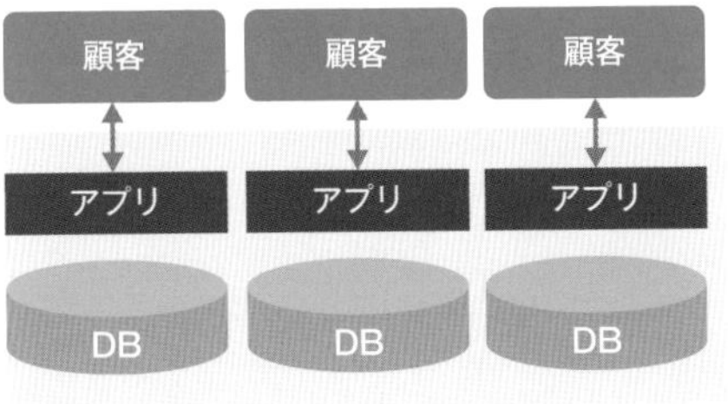
顧客
顧客
顧客
アプリ
アプリ
アプリ
DB
DB
DB

顧客ごとにサーバー、データベースなどを用意し、特定のハードウェアが割りあてられる。

●SaaS（マルチテナント）

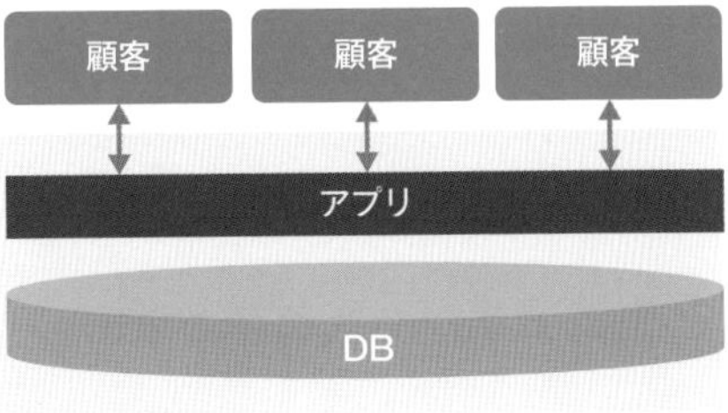
顧客
顧客
顧客
アプリ
DB

複数の顧客で共有されたハードウェアの中から不特定の領域が割りあてられる。
従来型のASPに比べ、コスト抑制が可能。

SaaSの種類

クラウドの浸透により、SaaS事業に参入するスタートアップ企業が増え、SaaSのカバーする範囲の違いから、ホリゾンタル（水平型）SaaSとバーティカル（垂直型）SaaSに大別されるようになりました。
水平型は業種をまたぎ、人事労務やマーケティングといった特定の職種向けのSaaS製品を指します。
それに対して、垂直型は特定の業種に特化した製品を指します。
国内では、多くの企業へ向けたホリゾンタルSaaSの導入が多く主流となっています。
バーティカルSaaSは業界特有の事情を考慮して作られており、大きなカスタマイズを必要とせずに導入できるメリットがあります。しかし、複数の部門をまたぐため導入検討が難航するケースが多いようです。導入にあたっては部門の壁を取り払い、検討の枠組みを構築したうえで進めるなどの工夫が必要です。

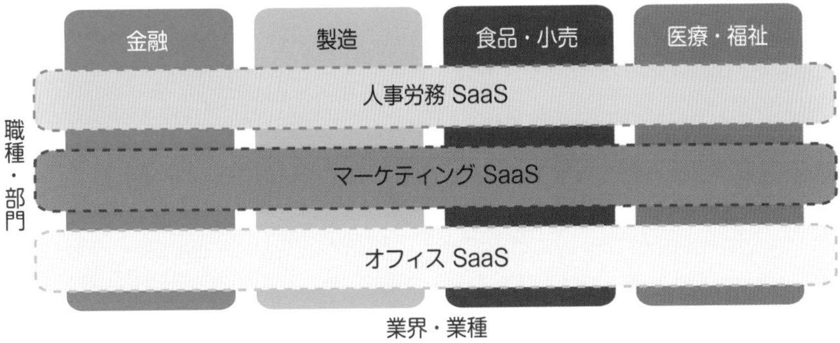
金融
製造
食品・小売
医療・福祉
人事労務 SaaS
マーケティング SaaS
オフィス SaaS
職種・部門
業界・業種

関連用語 クラウド ▶▶▶ P.30

07 動的要素の導入と注意点

動的とは、アクセスごとにその状況に応じて異なる内容を表示することを表す呼称です。動的要素を表示する方式として、**サーバー側でHTMLを都度生成して表示する形式**と、**ユーザーのブラウザ上で表示する際にHTMLを生成する形式**の大きく2とおりがあります。

● 動的要素が必要となる理由

Webサイトは広く情報を発信することができますが、同じようなサービスや商品を扱うWebサイトが増えたことで、動的要素を用いてユーザーごとにコンテンツの出し分けを行うなど、より最適なサービスを提供する必要がありました。

例えば、リアル店舗でも顧客の嗜好に合わせた商品を案内することで客単価の向上が期待できるように、Webサイトでもユーザーごとに最適な情報を提示することが目的達成への近道となります。

● 動的要素の導入方法と注意点

① Webアプリケーションを開発する（難易度：高）

システム開発会社などへ委託して、開発してもらう方法です。開発にもいくつか方法があり、まったくのゼロからすべてを作り上げる方法や、ある程度必要となる機能を具備したパッケージを活用する方法、Webアプリケーションに必要な機能やUIが揃った開発フレームワークを用いる方法など、さまざまです。

② CMSの付属機能やパッケージを利用して開発する（難易度：中）

CMS製品にはあらかじめ必要な機能が備わった製品が多く、それらを活用することもできます。

③ ASP／SaaSなどを利用する（難易度：低）

導入したい機能だけを手軽に導入できるASP(Application Service Provider)やSaaS(Software as a Service）を利用することができます。サイト内検索や、よくあるご質問、リコメンド機能や、問い合わせフォーム、アンケート機能、メールマガジン配信などさまざまな機能がサービスとして提供されています。

プラス1 オープンソースのフレームワークやライブラリは、改良や再配布が商用でも許可されています。まったくの無条件で使用できるというわけではないため、事前に条件の確認が必要です。

イメージでつかもう！

動的要素の表示方法

動的要素を表示する方式として、Webサーバー側でHTMLを生成して返す方式と、ブラウザ側でHTMLを生成して表示する方式に大別できます。
現在はトレンドとして、Webブラウザ側に処理を寄せることでWebパフォーマンスが向上することから、SPA（Single Page Application）や、Jamstack（JamはJavaScript、APIs、Markupの略）と呼ばれるような方式が注目されています。

●Webサーバー側で生成する方式

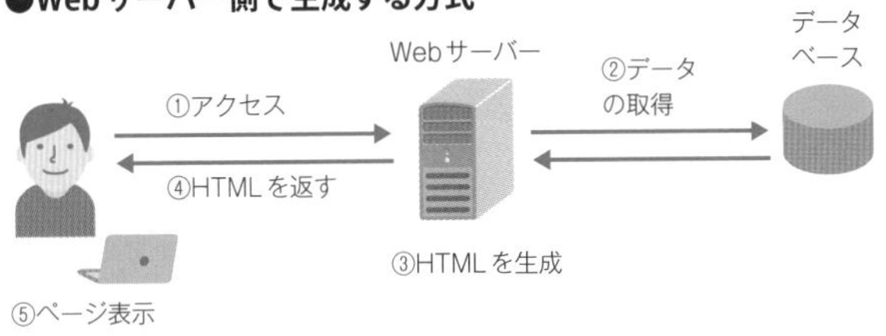

データベース
Webサーバー
②データの取得
①アクセス
④HTMLを返す
③HTMLを生成
⑤ページ表示

●Webブラウザ側で生成する方式

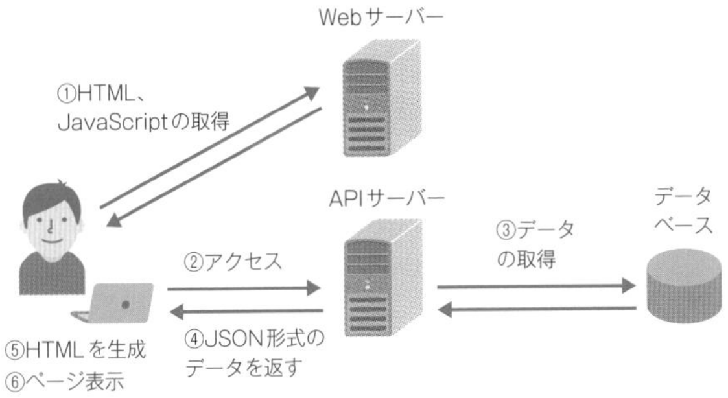

Webサーバー
①HTML、JavaScriptの取得
APIサーバー
データベース
③データの取得
②アクセス
④JSON形式のデータを返す
⑤HTMLを生成
⑥ページ表示

一般的な構築・開発方法ごとのメリット・デメリット

いずれの場合も、メリット・デメリットがあり、まずは納期や予算で構築方式を検討し、信頼がおけるベンダーを選定し依頼しましょう。

構築・開発方法	初期費用	月額費用	メリット	デメリット
ASP／SaaS	低	低	・早期導入・構築が可能	・カスタマイズできる領域が限られている
OSSパッケージ	低～中	低	・商用パッケージに比べ安い	・機能が不足していた場合はカスタマイズで対応することになる
商用パッケージ	中	中	・フルスクラッチに比べ安い	・カスタマイズできる領域が限られている ・ベンダーが固定されやすい
フルスクラッチ	高	高	・何でも実現可能	・全工程で総じて時間がかかる ・コストが高い ・ベンダーの技術力に左右される

関連用語 ASP／SaaS ▶▶▶ P.116　CMS ▶▶▶ P.78

COLUMN

コンテンツの「断捨離」でWebサイトを健全に保とう

Webサイトは他の媒体と違い、掲出したコンテンツの変更が可能です。リニューアル時だけでなく、日々の運用でもコンテンツの「断捨離」をしましょう。断捨離とは、不要なモノを減らし、生活に調和をもたらそうとするヨーガの思想です。

• Webサイトにおける「断捨離」とは

【断】：コンテンツのストックを断つ

Webサイトは紙媒体とは違い、コンテンツをどんどん追加していくことができます。安易にコンテンツを追加すると、閲覧するユーザー側からすれば、数が多すぎてかえってコンテンツを探しにくい状況になるかもしれません。

【捨】：経年で陳腐化したコンテンツは捨てる

Webサイトは常に最良の状態をキープすることができる媒体です。コンテンツの更新や追加だけでなく、捨てること（削除）ができます。時間経過により価値が増すコンテンツもありますが、削除しなければ肥大化の一途です。

【離】：コンテンツへの執着から離れ、効果を追求する

作り上げたコンテンツには思い入れがあり、なかなか捨てられない場合があります。そのときは必要だったかもしれませんが、それは今、この先も必要なコンテンツでしょうか？　コンテンツへの執着を止め、効果を追求すべきです。

例えば、「よくあるご質問」で対象となる条件が増えたとして、別の質問にすべきでしょうか？　類似の質問を1つに集約することは一般的な対応です。

次に、製造終了商品や過去のブログ記事、ニュースリリースについて考えてみます。この場合、時間が経過してもその情報を求めるユーザーがいることが考えられます。こうした場合は更新対象から切り離して閲覧可能な状態（アーカイブ化）とするなどの対応を検討します。

Webサイト初回公開時のコンテンツ設計は、ずっと最適なものと言えるでしょうか？　時間経過や外的要因による変化に対応するためには、計画的にコンテンツ設計を見直し、Webサイトを健全な状態に保っていくべきです。

Chapter

7

Webサイトを作る（デザイン編）

本章では、Webサイトのデザインについて考えていきます。Webデザインの意味や目的、プロジェクト内での検討の進め方や注意事項など、実際の絵作りだけではない、幅広い知識を習得します。

01 Webデザインとは

デザインとは、一般的に製品や広告などの**「意匠」**を指します。簡単に言うと、その形や色使い、素材の特徴を表したものです。より広義には**「設計」**という意味を持ち、表面の姿かたちだけではない、操作や思想もデザインに含まれます。それでは、Webサイトの意匠・設計を表す「Webデザイン」とは何かを考えていきましょう。

● Webデザインとはユーザー中心の論理的な設計の積み重ね

製品や広告のデザイン同様、色使いがきれい、形が洗練されているなど、いわゆるユーザーの感性を刺激するデザインという側面もWebデザインは持っています。ただし、それだけではありません。Webサイトは場所や時間を問わず、頻繁に使われるため、使いやすさや利用体験が重視され、その実現のために論理的な設計を経てデザインされます。例えば、ユーザーがECサイトで商品を購入する際に、単に美しいというだけでなく、その商品の特徴を表したデザインや、操作しやすい導線ボタン、便利なレコメンド機能など、さまざまデザインや機能がユーザーの購入行動を支援します。**ユーザーの目的達成までの過程において、ユーザーの思考・行動を設計し、ビジュアルと機能面で目的を実現することがWebデザインの特徴と言えます。**

● Webデザインは作っておしまいではない

2つ目の特徴としては、**Webデザインは公開後、常に進化し続ける**ということです。製品や広告のデザインは、コストや販売戦略、市場ニーズなどから頻繁に変更を加えることはあまりありません。その点、Webデザインはどうでしょうか。これまで触れてきたように、Webサイトのデザインはユーザー中心の手法で検討されます。ユーザー像や彼らの目的を知るためにアクセスログ解析やユーザーインタビューを実施し、ユーザーニーズや、現状のWebサイトの課題に対する改善を比較的短い期間で繰り返します。また、製品や広告のデザインに比べ、低コストで改善を行うことができます。このように、**Webデザインは作っておしまいではなく、Webサイトの利用体験（UX）最適化や、ユーザビリティ向上のために、短期間に改善を繰り返すこの検討フロー自体が、Webデザインの特徴の1つと言えるでしょう。**

プラス1 アートがアーティスト自身による「表現」であるのに対し、デザインとは「問題解決」であり、デザイナー自身の問題ではなく、主に企業や社会の問題を解決する手段になります。

イメージでつかもう！

いろいろなデザインの特徴

Webデザインは、広告デザインやカーデザインなどの他の分野のデザインに比べ、変更にかかるコストが低く、変更の期間も短いのが特徴です。

	Webデザイン	広告デザイン	カーデザイン
デザインの主な目的	・上質なユーザー体験の提供 ・使いやすい操作性の提供	・商品のプロモーション ・話題作り	・ブランディング／他社との差別化 ・走行性能 ・トレンドの取り入れ
デザイン変更の期間	・変更規模により、数日から数年	・数カ月～数年 ・1回限りの場合もある	・5～10年
デザイン変更のコスト	・デザインの制作コストのみであればコストは低い	・プロモーションの規模によるが数十万円～数千万円	・莫大な費用がかかる

Webデザインの改善ケース

ECサイトのデザイン改善例

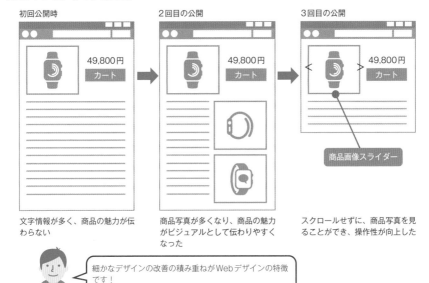

初回公開時　　2回目の公開　　3回目の公開

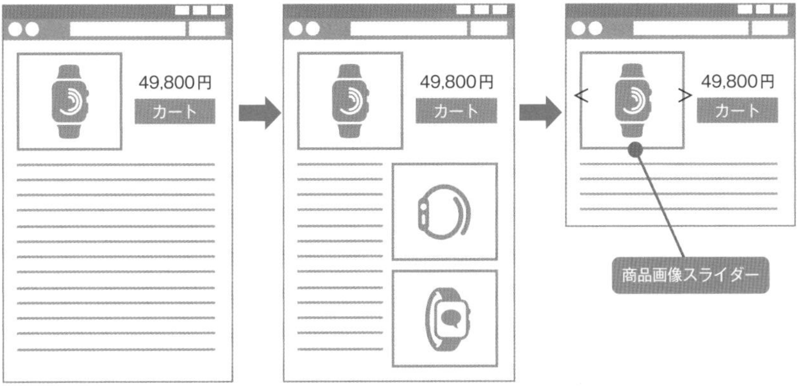
49,800円
カート
49,800円
カート
49,800円
カート
商品画像スライダー

文字情報が多く、商品の魅力が伝わらない

商品写真が多くなり、商品の魅力がビジュアルとして伝わりやすくなった

スクロールせずに、商品写真を見ることができ、操作性が向上した

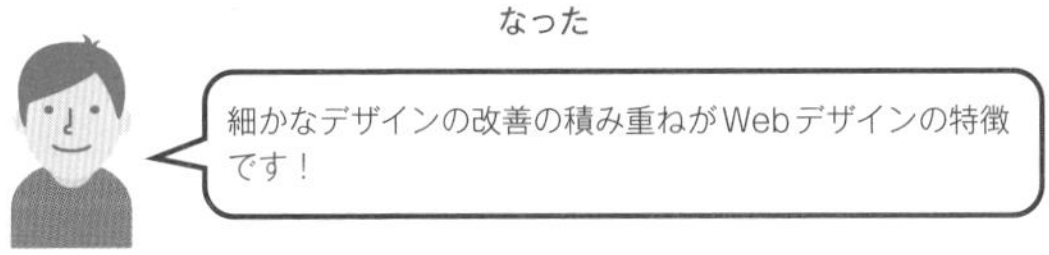
細かなデザインの改善の積み重ねがWebデザインの特徴です！

関連用語　ユーザー中心設計 ▶▶▶ P.66　UX ▶▶▶ P.24　PDCAサイクル ▶▶▶ P.172

02 Webデザインの目的

デザインとは人々の感性に作用するものと思われがちですが、それだけではなく、デザインは人々の目的達成の補助をし、共感・満足を植え付け、行動を変えるきっかけを作ることができます。それでは、Webデザインの目的を踏まえ、どのようにユーザーの行動を変えていくのかを見ていきましょう。

短期的な目的 ～情報を正しく、魅力的に伝える

Webサイト内の特定のページに配置された情報（例えば文字情報や写真、動画や音声など）を、企業側の意図どおりにユーザーに正しく伝えることが第一の目的になります。さらに、正しく伝えるだけではなく、情報を効果的かつ魅力的に伝えることで、**競合他社との差別化や、Webサイトにおける新しい体験をユーザーに提供する**ことができます。単なる情報の羅列では誰も関心を抱きません。デザイナーが色やフォントの形、写真や図やイラスト、全体のレイアウト設計を駆使して、ユーザーが興味を引き、理解が向上するWebデザインを作ります。かつ他社に比べより魅力的なWebデザインにしてはじめて、ユーザーの行動変容のきっかけとなるのです。

長期的な目的 ～ユーザーの行動を変える

同じWebサイトを長期間にわたって繰り返し訪問しているユーザーが、そのWebサイトを訪れる理由は何でしょうか。例えば、ECサイトでは、「品揃えがよい」「配送が早い」などのサービス面で支持を受けている場合があります。一方、商品情報がわかりやすい、商品の写真が多くて商品をイメージしやすいなど、Webデザインにかかわる部分もあるでしょう。つまり、**1回1回のサイト訪問におけるサービス面、デザイン面での体験の積み重ねが、ユーザーの中にWebサイトや企業・製品に対する共感や支持を芽生えさせ、継続的なWebサイト利用につながっていくのです。**

また、ブランド認知やブランド・ロイヤリティを高めるという効果もあります。Webサイトの中で、製品や企業の特徴を表したデザインや、ブランドを体現したデザインをユーザーに提供することができた場合、実際の購入行動は伴わなくても、ブランドの認知が拡大したという副次的な効果が達成できるのです。

イメージでつかもう！

Webデザインの目的と効果

各ページのデザインを積み重ねることで、Webサイト全体としてユーザーからの支持や信頼を得ることができます。

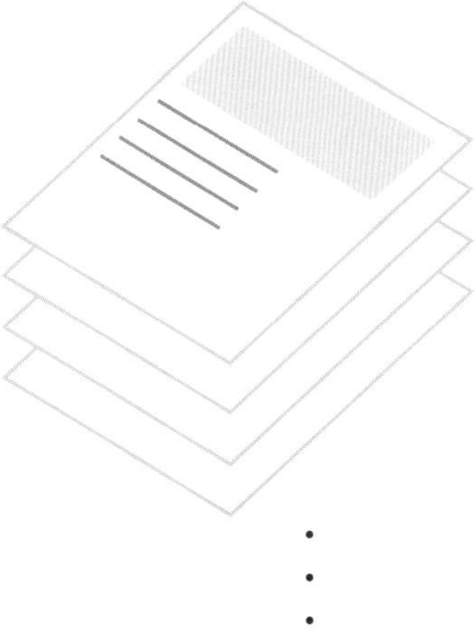

ページ単位での目的・効果

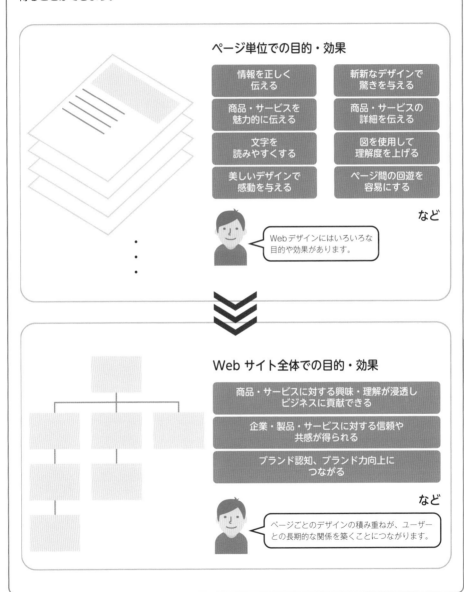

- 情報を正しく伝える
- 斬新なデザインで驚きを与える
- 商品・サービスを魅力的に伝える
- 商品・サービスの詳細を伝える
- 文字を読みやすくする
- 図を使用して理解度を上げる
- 美しいデザインで感動を与える
- ページ間の回遊を容易にする

など

Webデザインにはいろいろな目的や効果があります。

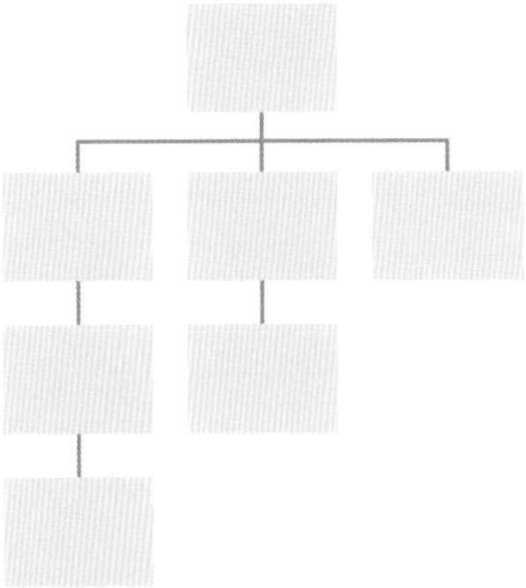

Web サイト全体での目的・効果

- 商品・サービスに対する興味・理解が浸透しビジネスに貢献できる
- 企業・製品・サービスに対する信頼や共感が得られる
- ブランド認知、ブランド力向上につながる

など

ページごとのデザインの積み重ねが、ユーザーとの長期的な関係を築くことにつながります。

関連用語 Web サイトの目的 ▶▶▶ P.56　ユーザー中心設計 ▶▶▶ P.66　UX ▶▶▶ P.24

03 デザイン検討のプロセス

プロジェクト開始後、Webサイトのデザイン検討のプロセスはどのように行われるでしょうか。限られた期間と予算の中で最大限の効果を上げるためには、適切な検討プロセス計画とプロジェクト・チーム内での認識合わせ、そして綿密なコミュニケーションが重要になります。

● デザイン検討は、ヒアリング、デザイン提案、フィードバックで構成される

①ヒアリング

発注側からの要望をデザイナーに伝えるとともに、デザインを制作するにあたって必要なヒアリングがデザイナーから行われます。ターゲットユーザー像（性別、年齢など）や、Webサイト全体と各ページの目的、Webサイトで発信したい自社や商品・サービスの特徴、競合他社との違いなどについてヒアリングが行われます。ここでのヒアリング内容をもとにデザイナーがデザインを制作するため、**事前にデザイナーに伝えることを社内で認識合わせし、後からぶれないようにすることが重要です。**

②デザイン提案

デザイナーからWebサイトのデザイン案が提案されます。Webサイトの規模や検討期間、検討対象ページによって異なりますが、初回は提案された複数のデザイン案の中から1案が選定され、その後2～3回のデザイン修正を経て、そのページのデザインが完成します。また、最初から完成度の高いデザイン案を提案されることはなく、デザインラフから始まり段階的に完成形に近づける進め方が主流です。

③フィードバック

②で提案されたデザインに対する評価・フィードバックを、発注側からデザイナーに対し行います。①のヒアリング時同様、あいまいなフィードバックでは、デザイナーはデザインを修正することができないため、できるだけ具体的なフィードバックをするように心がけましょう。ただし、色やフォントの種類や大きさなど、デザインに対し直接的な修正指示を出すのは間違いです。あくまで発注側として、**自社のビジネスゴールやWebサイトの目的が、提案されたデザインで実現できるか評価し、もし実現されないと思ったら、それをデザイナーに伝え、議論を重ねていきましょう。**

イメージでつかもう！

デザイン検討のプロセス

デザイナーと発注側の担当者間で綿密なコミュニケーションを重ねることが、Webデザインの検討には重要です！

そうですね、
それは…
これについては
いかがですか？

①ヒアリング

どのようなデザインを作るか、デザイン制作の前にデザイナーから発注側の担当者にヒアリングを行う。

【POINT】
- Webサイトの目的、ターゲットユーザー、競合他社との違いについて明確にする
- Webサイトをとおして発信する商品・サービスについて、デザイナーが理解を深める

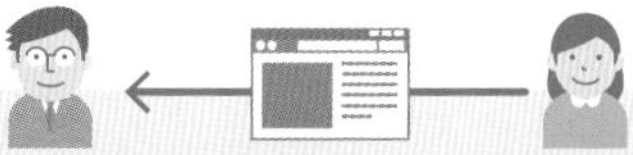

②デザイン提案

ヒアリング内容をもとに、デザイナーがデザイン提案を行う。

【POINT】
- デザイン提案回数に制限を設け、集中的に議論を行う。制限がないと議論が発散し、検討のポイントが見えなくなってしまう
- 初回から完成度の高いデザインが提案されることはない。最初はコンセプトや、デザインの意図を議論し、それをもとにデザインをブラッシュアップしていく

いただいたデザイン
についてですが…

③フィードバック

デザイン案に対して、発注側の担当者からフィードバックを行う。

【POINT】
- Webサイトの目的やビジネスのゴールを実現できるかの観点でフィードバックを行う
- フィードバック内容はできるだけ具体的にする。ただし、色や大きさなどの細かなデザインはデザイナーに任せる

関連用語 ユーザー中心設計 ▶▶▶ P.66

04 デザイナーがやっていること、考えていること

Web デザイナーはいったいどのような作業を経て Web サイトのデザインを完成させるのでしょうか。その過程や作業内容を知ることでデザイナーとのコミュニケーションが円滑になり、よりスムーズにデザインの検討・評価を行えるでしょう。

● 基本デザイン設計 ～レイアウトから、ビジュアル制作までのデザイン作業

まずは、基本的な**レイアウトデザイン**を決めます。Web ページは大きく分けてヘッダー、コンテンツ、フッターのエリアに分かれますが、そのエリア内に入る情報のレイアウトを検討します。そして、Web サイト全体の**ビジュアルデザイン**を検討し、Web サイトから発信する企業ブランドや商品・サービスをどのようにユーザーに見せ、ユーザーにどう感じて欲しいかを検討します。フォントや色の使い方に始まり、写真やイラストの効果的な使い方、**インタラクション**と呼ばれるアニメーション動作までこの段階で検討します。場合によっては複数の案が考えられるため、さまざまな手法で発注側企業との方向性の認識合わせを行います。

● デザイン標準化 ～ HTML 実装のためのデザイン作業

次に、各ページのレイアウトやデザインを制作していきます。ただし、Web サイト内のすべてのページのデザインを作るのではなく、情報構成や目的によってグループ分けをし、各グループの代表的なページのデザインのみ制作します。この方法をとることで、制作期間の短縮、コストの圧縮など、費用対効果の高いデザインワークフローが実現します。その後、ページ内に配置される、各種デザインパーツの標準化を行います。通常、異なるページであったとしても、ボタンや表などのパーツは同じデザインを元に展開される場合が多く、基本となるパーツデザインを決めてしまえば、他のページはコーディングの工程で一定のルールに沿って実装されます。これが、**デザインの標準化**になります。ここまでが、通常 Web デザイナーが行うデザイン作業になりますが、HTML、CSS、JavaScript 開発まで行うデザイナーもおり、デザイナーによって守備範囲はさまざまです。

プラス1　デザイン標準化はリリース後の運用時においても、コスト圧縮や、制作スケジュールの短縮の他、デザインが長期にわたってぶれないという効果があります。

イメージでつかもう！

Webサイトのデザインが出来上がるまで

ヒアリング、レイアウトデザイン検討、ビジュアルデザイン検討を経て、Webサイトの基本となるデザインが完成します。その後、各ページのデザイン制作とともに、デザイン標準化を実施します。

基本デザイン設計

Webサイト全体の基本となるデザイン（グランドデザイン）を定義する

- **ヒアリング**：ビジネスゴールやユーザー属性などのヒアリング
- **基本レイアウト検討**：ヘッダー、コンテンツ、フッターエリア内のレイアウト設計
- **ビジュアルデザイン検討**：トーン＆マナーや、キービジュアルの検討

↓

各ページのデザイン（デザイン標準化）

テンプレート単位、パーツ単位でデザインを制作し、Webサイト全体で共通となるデザインルールを定義する

- **テンプレートデザイン検討**：情報構成やページの目的ごとに、グルーピングし、代表的テンプレートのデザインを制作する
- **UIパーツのデザイン制作**：ページ内に使用されるUIパーツのデザインを制作し、デザインの標準化ルールを定義する

Webデザイナーが考えていること

ワイヤレスイヤホンのプロモーションサイトを例に、デザイナーがどのようなことを考えて、デザインを作っているのかを見てみましょう。

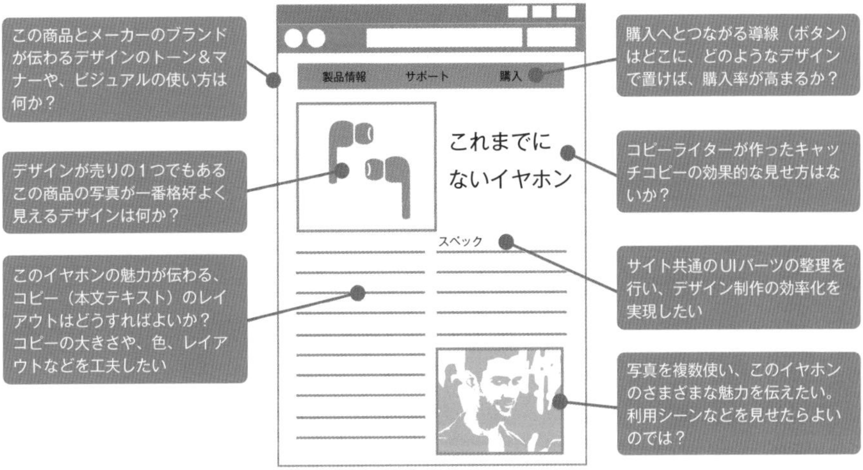
この商品とメーカーのブランドが伝わるデザインのトーン＆マナーや、ビジュアルの使い方は何か？
デザインが売りの1つでもあるこの商品の写真が一番格好よく見えるデザインは何か？
このイヤホンの魅力が伝わる、コピー（本文テキスト）のレイアウトはどうすればよいか？コピーの大きさや、色、レイアウトなどを工夫したい
製品情報
サポート
購入
これまでにないイヤホン
スペック
購入へとつながる導線（ボタン）はどこに、どのようなデザインで置けば、購入率が高まるか？
コピーライターが作ったキャッチコピーの効果的な見せ方はないか？
サイト共通のUIパーツの整理を行い、デザイン制作の効率化を実現したい
写真を複数使い、このイヤホンのさまざまな魅力を伝えたい。利用シーンなどを見せたらよいのでは？

関連用語　標準化 ▶▶▶ P.86　UI ▶▶▶ P.140　HTML、CSS、JavaScript ▶▶▶ P.146

05 デザインを評価する

発注側企業の担当者がデザイナーから提案されたデザインを評価する際に、何を確認し、どこに注意しなければならないでしょうか。絵心やセンスはまったく関係ありません。重要なのは、発注側企業の思いがデザインから受け取れるかどうかです。

● デザインの評価ポイント

デザインを評価する際に、2つの視点で評価するようにしましょう。

1つ目の視点は、**ユーザー（顧客）視点**です。以下のような評価軸でユーザーになりきって確認してみてください。また、プロジェクトメンバー以外の自社社員など、予備知識のない人に公平な視点で、デザインを評価してもらうのも有効な方法です。

- ユーザーが求める情報が、ユーザーに対し直感的に伝わっているか？
- 自社または商品のブランドが正しく伝わっているか？
- ユーザビリティの高いデザインになっているか？

2つ目の視点は、**発注側企業の担当者として視点**です。

- 自社のビジネスやプロジェクトのゴールを実現できるか？
- 商品・サービスのアピールポイントがわかりやすく表現されているか？
- 自社のCI／VIのルールに則っているか？

ビジュアルとしてのデザインの品質はプロであるデザイナーに任せ、担当者はあくまで自社のビジネスのプロとして、デザインを評価することが重要です。

● デザイナーを評価する

デザインを作ったデザイナーの評価はどのように行えばよいのでしょうか。デザイナーとして、ビジュアル面での質の高いデザインを作ることができるのは当然ですが、その他に以下のポイントに注意しデザイナーを評価してください。主に、**デザイン検討の経緯を言語化できるデザイナーがよいデザイナーの基準の1つになります。**

- デザイナー自身が作ったデザインを、誰でもわかる言葉で説明できるか？
- 発注側企業の業界動向、商品・サービスについて一定の知識があるか？
- 発注側企業からの質問に対し、即座に回答することができるか？

イメージでつかもう！

デザインは2つの「視点」で評価しよう！

デザインを評価する際には、「ユーザー（顧客）視点）」と「発注側企業の担当者視点」の2つの視点が必要になります。

ユーザー（顧客）視点

実際のユーザーの視点になりきって評価する。

- ユーザーが求める情報が、直感的に見つけられるか？
- 自社、または商品のブランドが正しく表現されているか？
- ユーザビリティの高いデザインか？

この他にも・・・

- 興味を引くデザインとなっているか？デザインに新鮮さを感じるか？
- SNSへの投稿が簡単にできるか？

⋮

企業担当者視点

企業側のビジネスゴールを踏まえ、評価する。

- 自社のビジネスやプロジェクトのゴールが実現できるか？
- 商品・サービスのアピールポイントがわかりやすく表現されているか？
- 自社のCI／VIのルールに則っているか？

この他にも・・・

- 広告プロモーションとの関連付けは十分か？デザインの統一が行われているか？
- 公序良俗に反したデザインになっていないか？自社のブランドを毀損しないか？

⋮

デザイナーを評価するポイントは、デザイン力と言語化能力！

× 悪いコミュニケーション

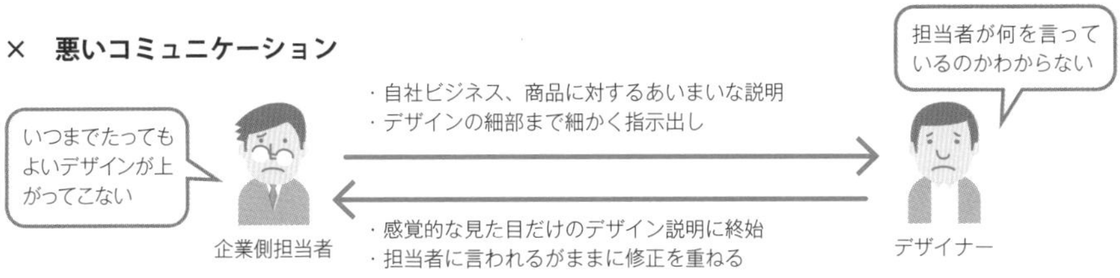
担当者が何を言っているのかわからない
・自社ビジネス、商品に対するあいまいな説明
・デザインの細部まで細かく指示出し
いつまでたってもよいデザインが上がってこない
・感覚的な見た目だけのデザイン説明に終始
・担当者に言われるがままに修正を重ねる
企業側担当者
デザイナー

○ 理想的なコミュニケーション

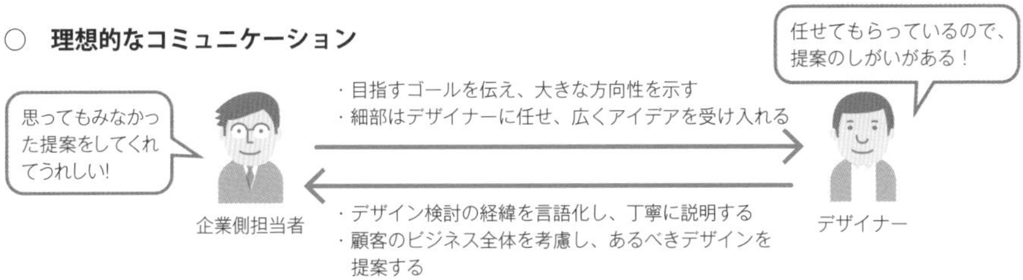
任せてもらっているので、提案のしがいがある！
・目指すゴールを伝え、大きな方向性を示す
・細部はデザイナーに任せ、広くアイデアを受け入れる
思ってもみなかった提案をしてくれてうれしい!
・デザイン検討の経緯を言語化し、丁寧に説明する
・顧客のビジネス全体を考慮し、あるべきデザインを提案する
企業側担当者
デザイナー

関連用語 CI／VI ▶▶▶ P.132　ユーザービリティ ▶▶▶ P.178　Webサイトの目的 ▶▶▶ P.56

06 CI、VIについて

CI(コーポレート・アイデンティティ) とVI(ビジュアル・アイデンティティ) という言葉を知っていますか？　CI とは企業の特徴や独自性をメッセージやイメージで社会に発信し、企業の価値を高める手法や戦略を指します。VI は CI で発信されるメッセージやイメージを、ビジュアルとして具体化し定義していくもので、代表的なものとしてロゴやカラーシステムなどがあります。この CI や VI を Web サイト開発の中でどのように利用し、どのような点に注意しなければならないか見ていきましょう。

● 統一された企業ブランドやメッセージを Web サイト上で発信する

企業ブランドやメッセージを社会に対して発信するとき、テレビ CM や雑誌広告などのマスチャネルだけでなく Web チャネルも活用され、テレビ CM と Web サイトで同じタレントを登場させるなど、チャネル統一のプロモーションを行うことが多くなっています。しかし、企業の特徴や独自性を一部の広告プロモーションが表せるわけではなく、その企業の事業・商品、歴史や組織、CSR 活動、社員・ステークホルダーなど、企業に関連するあらゆる物事がその企業を表すものになります。それらを**企業独自のメッセージやイメージに集約し、社内外に発信し企業価値を高めていくことが CI ／ VI の意義になります。**

● コーポレート・コミュニケーション部門との連携が必須

CI ／ VI を持つ企業にはほぼ必ず **CI ／ VI ガイドライン**が存在し、通常、社内のコーポレート・コミュニケーション部門（CC 部門）が管理しています。CI ／ VI ガイドラインには企業ブランド、メッセージを発信する際のルールや思想が書かれており、その内容に準拠することで統一の CI ／ VI を発信できるという考え方です。可能であれば、Web サイトの開発会社に CI ／ VI ガイドラインを提供し、実際の Web サイト開発の現場にもルールへの理解・準拠を促してください。ただし、CI ／ VI ガイドラインへの準拠範囲は、企業やプロジェクトの内容・目的により異なるため、一律のルールをあてはめるのではなく、CC 部門と連携しながら決定することが重要です。

イメージでつかもう！

CIは3つの「I」から成り立っている

CIは、MI（マインド・アイデンティティ）、BI（ビヘイビア・アイデンティティ）、VI（ビジュアル・アイデンティティ）から構成されます。

CI（コーポレート・アイデンティティ）

ステークホルダーとの関係性構築

企業の特徴や独自性をメッセージやイメージで社会に発信し、
企業の価値を高め、ステークホルダーとの良好な関係性を築くための手法

MI	BI	VI
（マインド・アイデンティティ）	（ビヘイビア・アイデンティティ）	（ビジュアル・アイデンティティ）
理念の統一	行動の統一	視覚の統一
企業理念や思想などの、企業としての考え方を表したもの	行動指針や行動規範などの、企業としての振る舞いを表したもの	ロゴやカラーシステムなどの、企業を特徴づけるビジュアルを定義したもの

ブランド・アイデンティティもBIと略すので、
混同しないようにしたいね！

CI／VIガイドラインの定義項目

CI、MI、BI、VIのガイドラインが個別にあるわけではなく、ほとんどの場合「CI／VIガイドライン」というかたちで管理・運用されています。

項目	定義内容	目的
ガイドラインの目的、適用範囲	ガイドラインの目的 ガイドラインが適用される範囲	目的と適用範囲を定義し、 適切なガイドライン適用を促す
基本理念	企業理念、経営方針、ビジョン、行動指針　など	CI ／ VI の基本となる企業理念の統一
ビジュアル方針	ビジュアルイメージの定義	方針策定によるビジュアルの統一
コーポレート・シンボル	企業名、ロゴ、キャッチコピーの定義	企業ブランド、シンボルの統一
ロゴ規則	和文・欧文ロゴバリエーション、アイソレーション（ロゴ周りの余白）、ロゴ展開例	企業ブランド、シンボルの統一 間違ったロゴ使用の防止
カラーシステム	コーポレート・カラー（メイン、サブ）定義	ブランドイメージの統一
アプリケーション・デザイン	看板、名刺、封筒などへの展開例	ブランドイメージの統一

関連用語 Web ガバナンス ▶▶▶ P.80

07 画像（イラスト、写真）の正しい使い方

Web サイトは主にテキストと画像から構成されますが、イラストや写真などの画像をうまく使えば、デザインを格好よく見せることができ、ユーザーの興味喚起につながります。ここでは、イラストや写真などの画像を使う際の注意点を学びましょう。

● ファイル形式を正しく選ぶことの重要性

Web ブラウザが表示できる画像のファイル形式には、**JPG、PNG、GIF、SVG** などがあります。Web サイトに使用する画像のファイル形式を間違えると、表示はできても読み込みに時間がかかったり、画像が荒れて汚く見えたりするため、ファイル形式の選択には注意が必要です。大きな写真などを扱う場合は圧縮率が高い JPG が向いており、イラストなど色数が少なく輪郭の鮮明な画像は PNG が向いています。その他にも GIF や SVG などがありますが、右図を見ながら最適なファイル形式を選んでください。

● イラストや写真を使用する場合は権利関係に注意

イラストや写真を使用する場合、購入先とのライセンス契約に十分注意してください。イラストや写真を制作・購入する方法は、以下の 2 種類があります。

①イラスト制作や写真撮影をプロに依頼する方法

プロのイラストレーターやカメラマンに依頼するため、コストはかかりますが質の高いオリジナルのイラストや写真を使用できます。ただし、イラストや写真を無制限に使用できるわけではなく、使用媒体や期間などを事前に取り決めたうえで使用権を購入することになり、基本的に**著作権**はイラストレーターやカメラマンに残ります。

②ストックフォトを使用する方法

数ある**ストックフォト会社**の膨大なライブラリの中から、デザインに合ったイラストや写真を使用するため、コストが安く、ダウンロードしてすぐ使えるという特徴があります。ただし、同じ画像を他の Web サイトで使用している場合があるので、オリジナル性には欠けます。プロジェクトの予算やスケジュール、商品・サービスの内容を考慮したうえで、①と②のどちらの購入方法がよいか検討しましょう。

プラス1 著作者が持つ権利で著作者人格権という権利があります。この権利は譲渡不可のため、その取り扱いについて契約書で定めないと、のちのち編集・修正ができないなど思わぬ制約が生じます。

イメージでつかもう！

Webサイトで使用される主な画像ファイル形式

Webサイトで使用される主な画像のファイル形式は、JPG、PNG、GIF、SVGの4つ。BMPなどのファイル形式も開けますが、データ容量が大きいため通常は使われません。

ファイル形式	使用場所	特徴・注意点
JPG	写真画像	・圧縮率が高いため、大きな写真画像への使用に最適 ・圧縮率を上げすぎると、画像の劣化が目立つ
PNG	イラスト画像 グラフなどのチャート	・画像が劣化しない半面、JPG に比べデータ容量が大きい ・透過処理が可能 ・古いブラウザが対応していない場合がある
GIF	アイコン イラスト アニメーション	・データ容量が小さい ・アニメーションや透過処理が可能 ・最大 256 色のため、写真には不向き。輪郭がギザギザに見える
SVG	ロゴ アイコン	・拡大・縮小しても画質は劣化しない ・ベクターデータ（線画）のみ対応。ビットマップデータでは使用できない

イラスト・写真の著作権は通常譲渡されない

イラストや写真が納品されたからといって、著作権まで譲渡されたとは限りません。発注側企業も含め、契約条件を事前に確認し、トラブルのないようにしましょう。

■著作権譲渡の契約を結んでいない場合

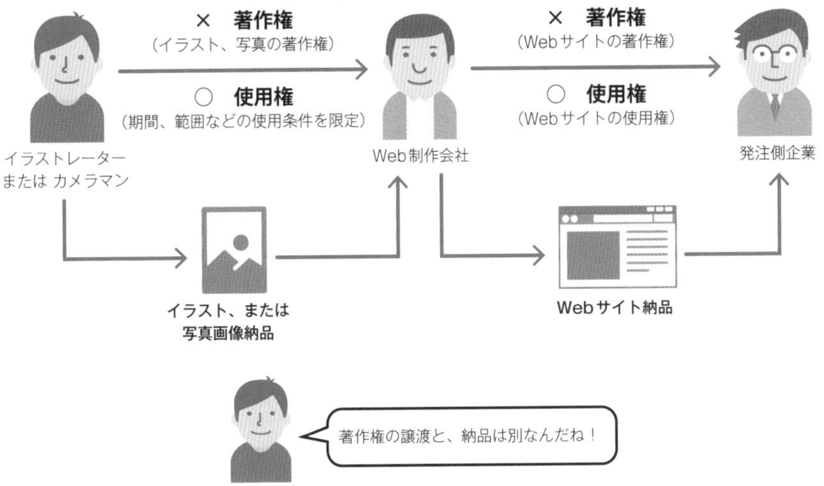
× 著作権
（イラスト、写真の著作権）
○ 使用権
（期間、範囲などの使用条件を限定）
× 著作権
（Webサイトの著作権）
○ 使用権
（Webサイトの使用権）
イラストレーター
または カメラマン
Web制作会社
発注側企業
イラスト、または
写真画像納品
Webサイト納品
著作権の譲渡と、納品は別なんだね！

関連用語 著作権 ▶▶▶ P.44　知的財産権 ▶▶▶ P.44

08 取材・撮影

コーポレートサイトなどで、商品の開発担当者や実際のお客さまのインタビューを配信するコンテンツをよく見かけます。関係者のリアルな声を発信することで、商品・サービスの価値を高めることを目的としますが、これらのコンテンツ作りに欠かせない取材や撮影について、その進め方やポイントについて学んでいきましょう。

● 取材・撮影の準備をする（企画〜アポ取りまで）

取材・撮影にあたり、まず取材対象者とインタビュアーを決めます。企画内容によって取材対象者は変わりますが、最適な取材対象者の選定とアサインはプロジェクトチーム内で行います。インタビュアーは、プロジェクトメンバーが担当する場合もありますが、プロのライターやカメラマンに依頼したほうが間違いありません。

取材対象者とインタビュアーをアサイン後、取材日程、取材場所、取材内容を決めていきます。取材対象者が多い場合は、取材日程の調整に時間がかかるため、余裕のあるスケジュールを組みましょう。また、取材内容は発注側企業、Web 制作会社ディレクター、ライター間で検討しますが、**コンテンツの目的や取材内容、撮影したい写真のイメージなどについて、事前に三者ですり合わせておきましょう。**

● 取材・撮影当日の流れ

取材当日、予定された進行に沿って取材・撮影を進めます。取材の進行役は Web 制作会社のディレクターまたはライターが行い、発注側企業担当者が立ち会うこともあります。取材時間が遅延したり、よいコメントが引き出せなかったりと、予定どおり進むとは限りません。そうならないためにも、以下のポイントに注意しましょう。

- **インタビューの進行は予定どおりか。遅れが出ないように時間配分に配慮する**
- **事前にすり合わせた内容をインタビューできているか意識する**
- **現場でも企業側担当者、ディレクター、ライターの間で意見交換を行う**
- **よい写真が撮れているか、カメラマンの撮影した写真をその場でチェックする**

また、思わぬトラブルが起きることもあります。その場合は、対応策について関係者間で話し合い、取材対象者の協力を得ながら、トラブルを解決していきましょう。

イメージでつかもう！

取材・撮影にかかわる関係者の役割

取材・撮影の準備から実施まで、下図のような関係者が登場します。

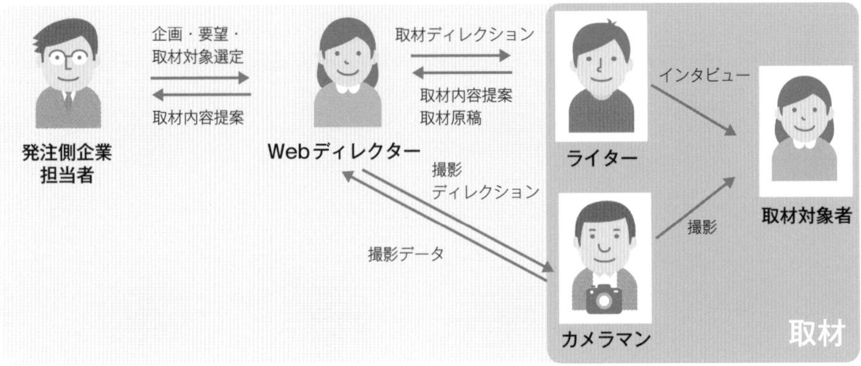

企画・要望・
取材対象選定
取材内容提案
発注側企業
担当者
Webディレクター
取材ディレクション
取材内容提案
取材原稿
撮影
ディレクション
撮影データ
ライター
インタビュー
カメラマン
撮影
取材対象者
取材

取材・撮影の流れとポイント

取材・撮影の流れと、それぞれの工程におけるポイントは以下のとおりです。

企画

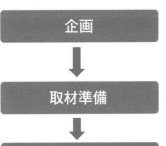

・取材の目的を考慮したうえで、取材対象者やインタビュアーを選定する。
・Webページ（コンテンツ）の完成形をイメージして取材・撮影を企画する。

↓

取材準備

・取材内容のすり合わせを関係者間で事前に行う。
・取材対象者が多い場合は、日程調整に時間がかかるため、準備期間に余裕をもたせる。

↓

取材実施

・予定どおりに取材は進んでいるか。
・思わぬトラブルがあっても、現場においても関係者間で調整し、柔軟に対応する。
・撮影した写真を現場で確認する。必要に応じて撮り方などを変更する。

↓

ライティング

・ライティング原稿を取材対象者を含めた関係者に回覧するために、確認期間は長めに確保する。
・決められた文字数に収まるように、ライターと調整する。

↓

Webページ（コンテンツ）制作

・制作時間短縮のため、ダミーの写真や原稿を使用し、デザインを先行して作成しておく。
・広告審査などの社内チェックのタイミング・期間を事前に把握しておく。

09 Webライティング

商品やサービスをユーザーによりよく知ってもらうために、Webデザインと同じくらい重要なのが、Webライティングです。Webライティングとは文字どおりWebサイトの記事・原稿を書くことです。プロのライターが原稿を書く場合もありますが、発注側企業の担当者が原稿を書き、Web制作会社に支給することもあります。ここでは、Webライティングのポイントを見ていきましょう。

● Webライティングと SEOライティング

Webサイトの原稿を書く際に気にすべきことは、「誰をターゲットにして書くのか」ということです。以下の2つのターゲットに向けてライティングしましょう。

①ユーザー、読者をターゲットにした「Webライティング」

②検索エンジンをターゲットにした「SEOライティング」

「Webライティング」は、**Webサイトを利用するユーザーに向けて、商品・サービスの特徴をわかりやすく、そして興味深い記事を書くことがポイント**になります。どんなに正確に商品・サービスを捉えた記事でも、ユーザーが読みたいと思わなければまったく意味がないので、シンプルでわかりやすい記事にすることが求められます。

「SEOライティング」は、**Googleなどの検索エンジン上で検索上位に来るように、記事内のワードの選定や、ボリュームをコントロールして書く技術**になります。ターゲットが人間ではないため、記事の読みやすさよりも、SEOのルールに沿って、検索エンジンがランク付けしやすい効果的な記事を書くことが求められます。

● Webライティングはシンプルに、言いたいことを明確に

Webサイトは雑誌や新聞とは異なり紙面の制限がないため、いくらでも長い記事を掲載できます。ただし、そんな長い記事は誰も読みたくはないでしょう。記事はコンパクトに、商品・サービスの特徴を捉え、かつ読みやすい構成、文体でライティングすることが必要です。そして、ユーザーが求める情報についての分析をしっかりと行い、Webサイトを通してユーザーに有益な情報を伝えられるようにしましょう。

プラス1 検索エンジンのランキング判定アルゴリズムは公開されていません。また、たびたびそのアルゴリズムが変更されることがあるため、SEOに関する情報は常に見ていきましょう。

イメージでつかもう！

Webライティングと SEOライティングの違い

Web ライティング

ターゲット

Webサイトを利用するユーザー・読者

ライティングのポイント

商品・サービスの特徴がユーザーに伝わるように、シンプルでわかりやすい文章にする。

SEO ライティング

ターゲット

検索エンジン（Googleなど）

ライティングのポイント

ランキング上位になるように、適切なワードを原稿内に適量埋め込む。

Webライティング時のポイント

原稿作成時には以下のポイントに気をつけましょう。

構成を考える	はじめに、原稿全体の構成を考える。原稿内をいくつかのブロックに分け、それぞれ見出しをつけ、見出しの内容に沿って書き進める。
↓	
一文は簡潔に	一文が長過ぎると読みづらくなる。だいたい一文は、40～60文字ぐらいに収める。 適切な句読点の使用と、異なる文末表現を心がける。
↓	
SEO対策はやりすぎない	検索エンジンのランキング上位を狙うあまり、キーワードを多用しすぎるのは、逆にランキングを下げる原因にも。キーワードはバランスよく、適切な量を入れる。
↓	
ルールを統一する	文章のトーン＆マナーは、Webサイト全体のトーン＆マナーと合わせる。Webサイト全体のライティングルールを作成することも重要。

関連用語 SEO ▶▶▶ P.180

10 UIの種類

Web サイトにおける UI(ユーザーインターフェース) とは、**ユーザーに対し、情報を伝え、次の画面や行動に移行するための要素**のことを言います。UI には、さまざまな種類があり、そのデザイン次第でユーザビリティは大きく変わってきます。そのため、プロジェクトチーム内で、UI に対して共通の認識を持つことは非常に重要で、Web サイトのユーザビリティだけでなく、プロジェクトの生産性にもかかわってきます。ここでは、代表的な UI の種類とその使い方を学んでいきましょう

よく使われる UI

①カルーセルパネル

コーポレートサイトなどでよく使われ、商品情報やコンテンツへの導線パネルを横スライドで複数表示させる UI です。一定時間経過後、またはユーザーの操作によってパネルがスライドするため、多くの情報をページ内に表示できるメリットがある一方、パネル内の情報にユーザーの注意が集まらないとも言われています。

②ハンバーガーメニュー

スマートフォン向け Web サイトなどのヘッダー部分に表示され、タップ（クリック）することで Web サイト内のメニューが表示される UI です。メニューボタン自体は小さく、場所をとらないため、画面の大きさに制限があるデバイスでの使用は有効です。ただし、ハンバーガーメニューボタンを押さないとメニューが表示されないため、スマートフォンサイト以外での利用には適切な設計が必要になります。

③アコーディオン

見出しと本文で構成されるコンテンツを、初期状態では見出しのみを表示し、見出しをクリック（タップ）することで本文が表示される UI です。多くのコンテンツがページ内に存在し、見出しだけをページ上部に表示したいときに使用されます。

④パンくずリスト

ユーザーが今閲覧しているページを階層構造で表し、各階層への遷移もできるリストのことを指します。ユーザーが直接、上位階層に遷移できることに加え、検索エンジンがクロールする入り口としても活用でき SEO 対策にも有効です。

プラス 1　PC、タブレット、スマートフォンそれぞれで、よく使われる UI が異なります。PC においては操作性の高い UI でも、スマートフォンでは逆効果という UI もあるので注意しましょう。

イメージでつかもう！

さまざまなユーザーインターフェース

Webサイトを構成するユーザーインターフェースは、Webサイトのユーザビリティに大きな影響を与えます。それぞれのUIのメリットとデメリットは以下のとおりです。

①カルーセルパネル

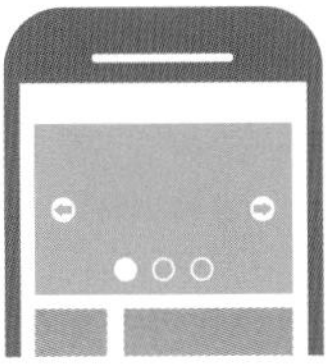

特徴・・・・・複数のパネルを横スクロールで表示できるUI
メリット・・・多くの情報をページ内に表示可能
デメリット・・ユーザーがパネル内の情報に集中できない場合がある

②ハンバーガーメニュー

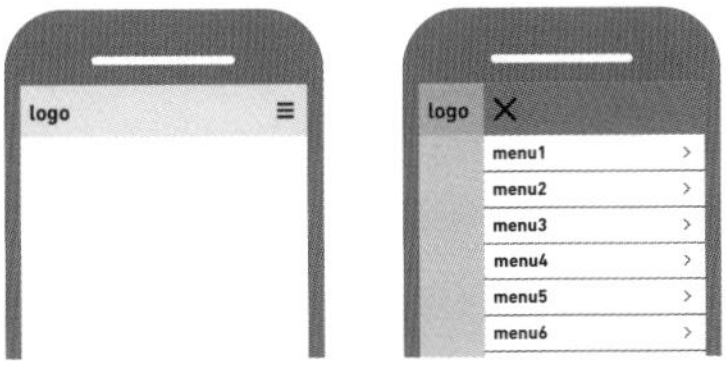
logo
logo
menu1
menu2
menu3
menu4
menu5
menu6

close　　open

特徴・・・・・ヘッダー付近に設置される、ナビゲーションメニューを表示させるためのメニューボタン
メリット・・・ボタンが小さいため、省スペース
デメリット・・ボタンを押さないとナビゲーションメニューの内容がわからない

③アコーディオン

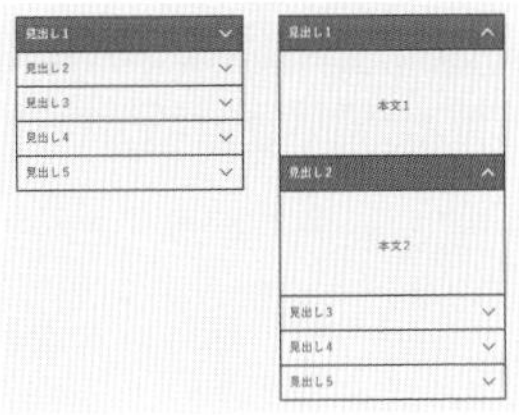
見出し1
見出し2
見出し3
見出し4
見出し5
見出し1
本文1
見出し2
本文2
見出し3
見出し4
見出し5

特徴・・・・・見出しをボタンとして折りたためるUI
メリット・・・画面スクロールしなくても、必要な情報を閲覧できる
デメリット・・クリック（タップ）しなければ本文を見ることができない

④パンくずリスト

製品・サービス>スピーカー>詳細情報

特徴・・・・・ユーザーが閲覧しているページを階層構造で表示。各階層への遷移が可能
メリット・・・遷移が容易になりユーザビリティが向上する。検索エンジンのクロールの経路となるためSEO対策に活用できる
デメリット・・スマートフォンサイトなどでは、パンくずリストが場所をとるため、デザインによっては操作性や視認性が低下する

⑤プレースホルダー

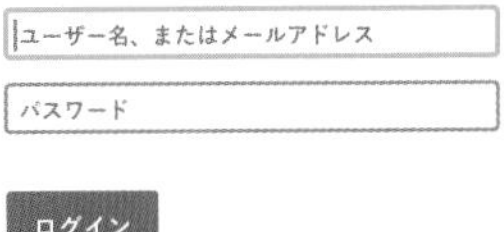
ユーザー名、またはメールアドレス
パスワード
ログイン

特徴・・・・・テキストボックスの入力形式を例示するUI
メリット・・・入力形式が表示されるため、入力エラーを防げる
デメリット・・入力済みの項目との違いがわかりづらい

⑥トグルボタン

特徴・・・・・ON/OFFの状態を切り替えるUI
メリット・・・スマートフォンのUIで多用されており、操作に慣れている
デメリット・・デザインによっては、ON/OFFの状態がわかりづらい

関連用語　ユーザビリティ ▶▶▶ P.178　標準化 ▶▶▶ P.86　SEO ▶▶▶ P.180

COLUMN

Webサイトのデザインが決まらない！そんなときには？

Webサイトのデザインを検討する中で、デザインがなかなか決まらない場合があります。当初のスケジュールどおりにデザインが決まらないと、後工程を圧迫し、最悪Webサイトの公開日の変更を迫られることもあります。そのような事態に陥らないためにはどうすればよいのでしょうか。

原因として多くあるのが、デザイナーと発注側企業担当者とのコミュニケーション不足です。Webサイトの目的や要望について、発注側企業からの説明が不足していたり、逆にデザイナーの理解力や業界・商品知識が不足していたり、お互いが「説明したつもり」「わかったつもり」になっていた際に、デザインが決まらないことが起こり得ます。その他にも、はじめてのWeb制作会社やデザイナーに依頼する場合や、デザイナーの経験不足など、さまざまな原因が考えられます。このような事態を防ぐためには、以下を心がけましょう。

①はじめてのデザイナーに依頼する際には、過去の実績などから、今回のプロジェクトに合ったデザインを作ることができるかを事前に確認しましょう。

②デザイン検討の進め方をプロジェクト開始時にすり合わせましょう。デザイン案の数や修正回数など、制作会社ごとに進め方が異なります。

③発注側企業の担当者もデザイナーと限られた時間内に、一緒にデザインを作り上げるという意識を持ちましょう。（デザイナーは万能ではない）

④デザインを評価する際には客観的な視点から評価しましょう。主観的な視点からでは、関係者間での合意形成は難しくなります。

⑤発注側企業内の関係者間でデザイン回覧を行う際に、デザインだけでなく、提案書全体を回覧し、デザイン検討の理由や進捗をあわせて説明しましょう。

⑥デザイナーのスキルが不十分であると思われた場合は、制作会社と協議のうえ、デザイナーを変更・増強するなどの対応策を早めに打ちましょう。

これらの対策ですべてが解決するわけではありませんが、起きた事態に合わせ、発注側企業、Web制作会社間でしっかりと話し合い解決していくという、信頼関係の構築こそが最も重要なことは言うまでもありません。

Chapter

8

Webサイトを作る（コーディング・開発編）

本章では、Web サイトのコーディング・開発について考えていきます。HTML、CSS、JavaScript に関する基本的な知識や検討するポイント、システム開発が伴う場合の基本的な進め方について解説します。

01 コーディング・開発のプロセス

デザインが確定すると、いよいよ実際のWebサイトのコーディングや開発を行う工程に入ります。どのようなプロセスで進めていくのでしょうか。また、発注側企業の担当者はどのような点に気をつけていけばよいでしょうか。

● コーディング・開発もまずは手法の検討から

Webサイトの規模や、確定したデザインの内容や、実現する機能の内容から、どのような手法で制作を進めるのがよいか、Web制作会社が中心となって検討を行います。具体的にはHTML、CSS、JavaScriptなどを用いて制作を行いますが、事前にどのように作るのかを決めるために設計を行います。

例えば、大規模なWebサイトのリニューアルプロジェクトであれば、共通部品をどのように制作しておくか、サイト移行時に既存サイトに影響がないように制作するにはどのようにすればよいか、また、ブランディングサイトのようにリッチなアニメーション表現が必要とされる場合は、どのように実装するかを検討します。このように、**HTML、CSS、JavaScriptの記述ルールや共通化ルールの整備を行い、効率的に制作を進めるための手法を検討していきます。**

● システム開発を伴う場合のコーディング・開発工程の進め方

入力フォームや、CMSのテンプレート開発など、システム開発が伴う場合は通常のWebサイト制作と進め方が異なります。システム開発会社や関係者間のコミュニケーションをスムーズに行うために、画面のUIデザインを確認できるモックアップを作成したうえで開発に進むなど、開発体制により進め方を工夫する必要があります。

● 開発工程に入ったら作業内容を見える化し進捗状況・課題をチェック

コーディング・開発工程に入ると、各画面や各機能の開発作業が中心となり、どこまで作業が進んでいて、どのような課題が発生しているかが見えづらくなります。**発注側企業の担当者はWeb制作会社と適切なコミュニケーションを行い、進捗状況や課題など開発状況をチェックする活動を行いましょう。**

イメージでつかもう！

コーディング・開発時に押さえておくべきポイント

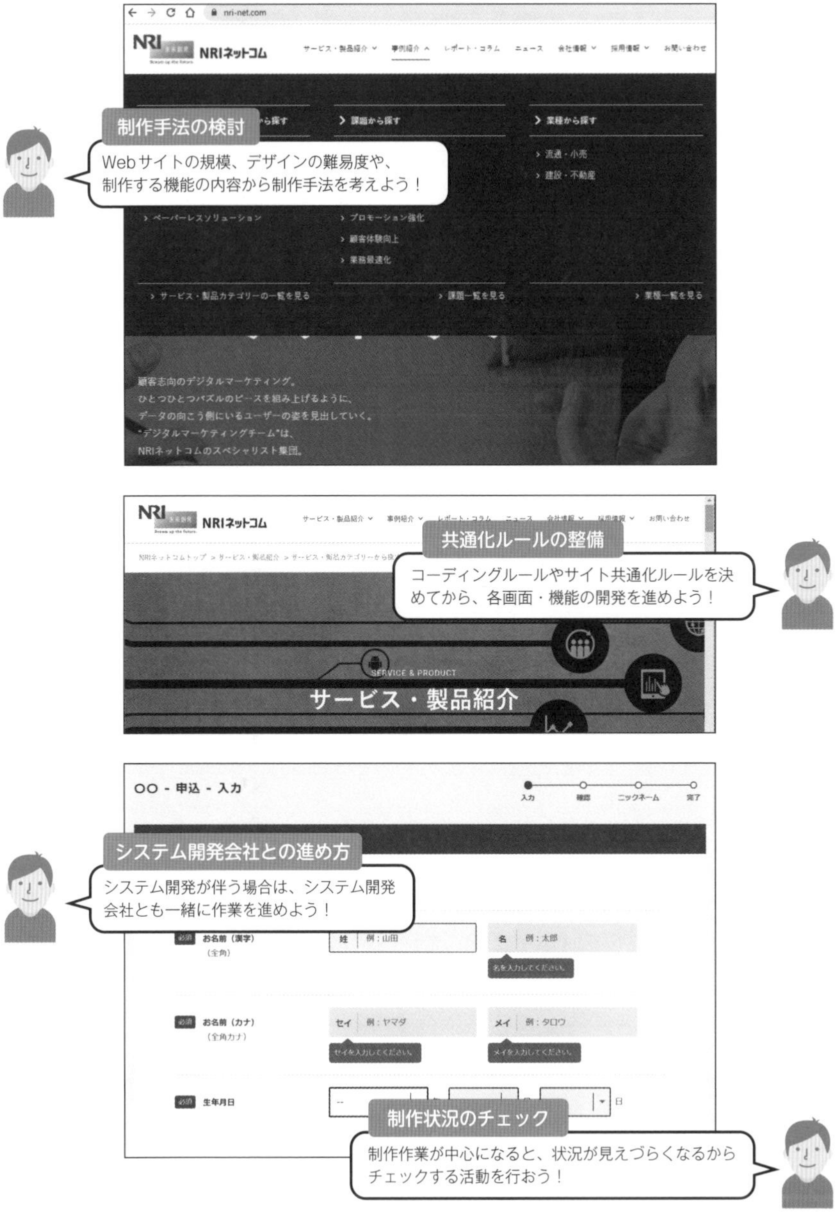

制作手法の検討
Webサイトの規模、デザインの難易度や、制作する機能の内容から制作手法を考えよう！
共通化ルールの整備
コーディングルールやサイト共通化ルールを決めてから、各画面・機能の開発を進めよう！
システム開発会社との進め方
システム開発が伴う場合は、システム開発会社とも一緒に作業を進めよう！
制作状況のチェック
制作作業が中心になると、状況が見えづらくなるからチェックする活動を行おう！
NRIネットコム
顧客志向のデジタルマーケティング。
ひとつひとつパズルのピースを組み上げるように、
データの向こう側にいるユーザーの姿を見出していく。
"デジタルマーケティングチーム"は、
NRIネットコムのスペシャリスト集団。
SERVICE & PRODUCT
サービス・製品紹介
○○ - 申込 - 入力
入力
確認
ニックネーム
完了
お名前（漢字）
お名前（カナ）
生年月日

関連用語 HTML、CSS、JavaScript ▶▶▶ P.146　CMS ▶▶▶ P.78　モックアップ ▶▶▶ P.156

02 HTML、CSS、JavaScriptとは

発注側企業のWeb担当者であっても、制作会社とのコミュニケーションやCMSでコンテンツを運用したりする場合にHTML、CSS、JavaScriptの知識は必ず必要になってきますので、ポイントを押さえておきましょう。

● HTMLとCSS

HTML（HyperText Markup Language）はWebページを表示するためのマークアップ言語です。テキストファイルに文章構造を定義するHTMLタグを使用してマークアップを行います。Googleなどの検索結果に表示される<title>タグやソーシャルメディアに掲載されるタグなど用途に応じてさまざまな種類があります。

CSS（Cascading Style Sheets）はWebページの装飾をするための言語です。CSSでは文字や背景の色、配置など見た目（デザイン）を定義します。HTMLでマークアップして、CSSで見た目を整えるのが基本的な流れです。

● HTML・CSSの記述ルール

大規模Webサイトや、複数人で作業する場合、HTML・CSSの管理が難しくなります。場当たり的なルールで記述を進めてしまうと、簡単な修正でも大幅な仕様変更が必要になってしまうケースがありますので、あらかじめ記述ルールを定めておくことがポイントです。これを**HTML・CSS設計**と言います。設計手法にはBEM（Block Element Modifier）、OOCSS（Object Oriented CSS）などいくつか手法がありますので、構築するプロジェクトに適した設計手法を検討しましょう。

● JavaScript

Webブラウザ上で動くプログラム（クライアントサイド・スクリプト）を作成するためのプログラミング言語です。略してJSとも呼ばれます。画像のスライド表示や、マウスクリックでメニューを開閉表示するなどWebページに動きをつける際に使用します。最近ではJavaScriptフレームワークと呼ばれるWebシステムやスマホアプリ開発にも活用されるプログラミング言語としても注目されています。

プラス1 HTML、CSSは他のプログラム言語より難易度が低く、リソースも調達しやすいと思われがちですが、HTML、CSSの設計を正しくできる人材は決して多くありません。

イメージでつかもう！

HTML、CSS、JavaScriptの役割

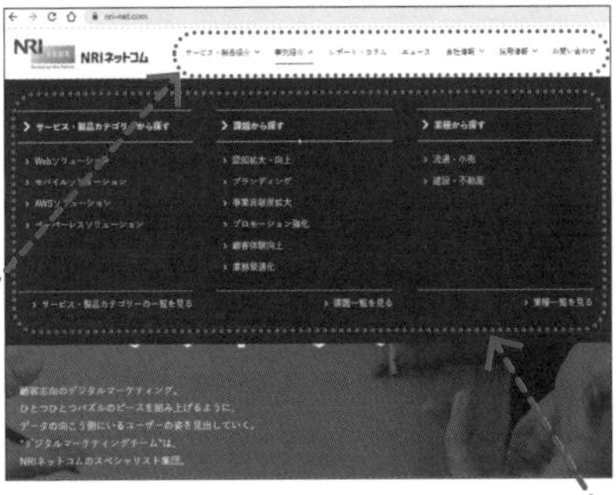

HTML HTMLタグを使用して文章構造を定義

```
<!-- #global-nav -->
<div id="global-nav">
<nav>
 <ul class="global-nav_items">
  <li class="global-nav_item" data-nav="2"><strong>サービス・製品紹介</strong></li>
  <li class="global-nav_item" data-nav="3"><strong>事例紹介</strong></li>
  <li class="global-nav_item"><a href="/blog/">レポート・コラム</a></li>
  <li class="global-nav_item"><a href="/news/2020/">ニュース</a></li>
  <li class="global-nav_item" data-nav="6"><strong>会社情報</strong></li>
  <li class="global-nav_item" data-nav="7"><strong>採用情報</strong></li>
  <li class="global-nav_item"><a href="/inquiry/">お問い合わせ</a></li>
 </ul>
</nav>
</div>
<!-- /#globalNavi -->
```

CSS 幅、レイアウト、文字サイズなど見た目を定義

```
/**
 * #global-nav
*/
#global-nav {
  width: 100%;
}
#global-nav a,
#global-nav a:hover {
  text-decoration: none;
}
#global-nav .global-nav_items {
  display: flex;
  flex-wrap: wrap;
  margin-right: -12px;
}
#global-nav .global-nav_item {
  position: relative;
  font-size: 1.2rem;
  cursor: pointer;
  margin: 0 12px;
}
…
```

JavaScript

ページ内の「動き」を定義

例）マウスクリックで開閉するメガメニュー

```
$(function(){
var num = 0;
$('.global-nav_item').on('click', function(e){
var $this = $(this);
num = $this.data('nav');
if( $this.hasClass("status-ac") ){
 // 閉じる
 close();
 $this
 .removeClass("status-ac")
 .siblings()
 .removeClass("status-ac");
}else if( $this.data('nav') != undefined ){
 // 開く
 open(num);
 $this
 .addClass("status-ac")
 .siblings()
 .removeClass("status-ac");
}
});
…
}
```

関連用語 Webシステム ▶▶▶ P.158

03 JavaScriptの発展

前節でも少し触れましたがJavaScriptを使用した難易度の高い手法として、シームレスなUXを実現する**SPA(Single Page Application)**を導入する際の**JavaScriptフレームワーク**の活用が注目されています。

SPAの導入を検討するプロジェクトの場合は、構築手法についてもある程度理解したうえで、適切なプロジェクト推進活動が行えるようにしましょう。

● SPAとは

画面遷移に関して、画面全体を再読み込みせずに遷移させることができ、デスクトップアプリケーションやスマホアプリのようなユーザー体験ができるWebアプリケーションのことです。画面表示速度も速く、ユーザーの操作性が大きく向上します。かつてのAdobe FlashやMicrosoft SilverlightといったRIA(Rich Internet Application）に代わるフロントエンド開発の技術です。

● JavaScriptフレームワークの浸透

これまでも、検索条件を選択して絞り込む一覧表示機能や、Googleマップと連携した地図表示機能など、機能単位でJavaScriptを使用する例はありました。

ここ最近では、**React**（リアクト）、**Vue.js**（ビュージェイエス）、**Angular**（アンギュラー）といったJavaScriptフレームワークが浸透し、例えば、銀行や証券会社の取引サイトや、自身の血圧や歩数データを日々入力する健康管理サイト、自社データを分析・管理するサイトなど、繰り返し操作が必要なWebアプリケーション全体に対して組み込めるようになり、UXの向上に一役買っています。

● SPAを採用したプロジェクトでのポイント

Webアプリケーション構築プロジェクトでは、システム開発会社主体で進みがちですが、高度なUI／UXを実現するためにはWeb制作会社と密接に連携したプロジェクト進行が重要なポイントになってきます。詳しくは8-7節で解説します。

プラス1 JavaScriptフレームワークの開発実績があるフロントエンド開発経験者はまだまだ少なく、通常のサイト構築よりコストもかかる傾向にあります。適切な体制を準備しましょう。

イメージでつかもう！

SPA（Single Page Application）とは

SPAでは必要な部分のデータのみサーバーに要求して、JavaScriptで処理することで読込時間が短縮され、シームレスな表示が可能となり、ユーザー体験が向上します。

通常のWebアプリケーション

Menu
次画面へ遷移
画面再読み込み
画面表示
Menu

SPA

Menu
次画面へ遷移
Menu
必要な箇所のみ読み込み
画面表示
Menu

JavaScriptフレームワーク

代表的なJavaScriptフレームワークに、React、Vue.js、Angularの3つがあります。

React

Facebook社を中心とするコミュニティにより開発されているフレームワーク。ここ数年、一番人気がある

Vue.js

オープンソースで開発されているフレームワーク。こちらもReactに続き人気

Angular

Google社を中心とするコミュニティにより開発されているフレームワーク。大規模Webアプリケーション開発向け

国内での検索回数の推移からトレンドを把握

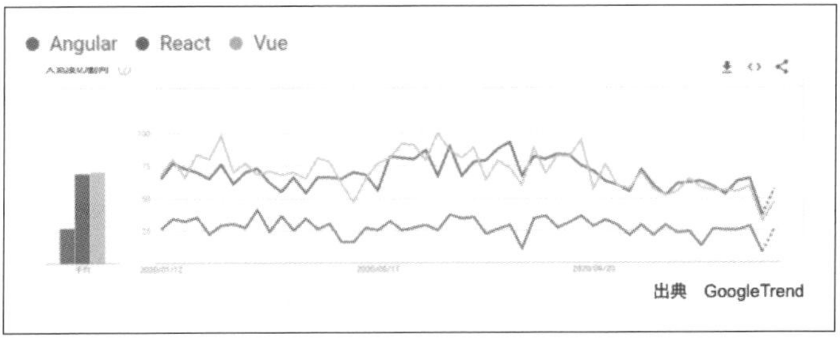
Angular
React
Vue
出典 GoogleTrend

トレンドを見て、開発実績の多いフレームワークを選定すると、運用時も情報が多く得られるよ！

関連用語 UI／UX ▶▶▶ P.24

04 便利な機能 リダイレクト、インクルード

Webサイト制作フェーズを進める際、サイト公開や運用フェーズなど先を見据えた制作仕様の検討も重要なポイントです。ここでは、よく検討項目として挙げられる便利な機能について紹介します。

● リダイレクト

リダイレクトとは、アクセスしたページとは異なるページにユーザーを遷移させる機能です。例えば、サイトリニューアルを実施してURLが変わった・削除した場合にリダイレクトさせることで、404ページ（お探しのページが見つかりません）という画面を表示させることなく、正しいページへ強制的に画面遷移させます。

● リダイレクトの設置

Webサーバー側で設定する方法と、HTMLの<meta>タグやJavaScriptを記述して設定する方法があります。Webサーバー側で設定できるとSEOの観点からGoogleなどの検索結果に影響が少なく対応できますが、ITシステムに関連する部門に作業を依頼しないといけないケースもあるので確認が必要です。Webサイトの規模や、Webサーバーの構築状況によって適切な方法を選びましょう。

● インクルード

インクルードとは、「あるページの中に別のファイルに記述された内容を組み込むこと」を言います。Webページの構成要素のうち、ヘッダーなど各ページで共通な部分は、インクルード化することで、制作フェーズでの作業を削減することができます。また、運用フェーズでは共通部分を修正する場合の作業効率化を図れます。

● インクルードの手法

インクルード化の手法については、Webサーバー側で設定する方法と、開発ツールで管理する方法、JavaScriptを記述して設定する方法があります。それぞれにメリット・デメリットがありますので、適切な方法を取り入れましょう。

プラス1　インクルードの手法は一度ルールを決めると、ルールを変更する際にWebサイト全体に影響する作業となります。制作フェーズに入る前にプロジェクトチーム内で検討しましょう。

イメージでつかもう！

リダイレクト

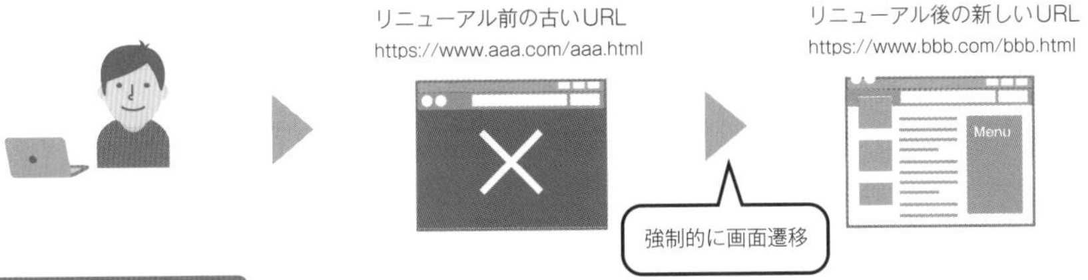
リニューアル前の古いURL
https://www.aaa.com/aaa.html
リニューアル後の新しいURL
https://www.bbb.com/bbb.html
Menu
強制的に画面遷移

リダイレクトの設置例

Webサーバー側で設定
（例 .htaccess）

```
RewriteEngine on
RewriteRule ^aaa.html$
https://www.bbb.com/bbb.html
[L,R=301]
```

HTMLの<meta>タグで設定

```
<meta http-equiv=" refresh"
content=" 0;URL=https://ww-
w.bbb.com/bbb.html" />
```

JavaScriptで設定

```
<script type=" text/javascript" >
<!-
setTimeout(function(){
  window.location.href =
'https://www.bbb.com/bbb.html';
}, 0);
->
</script>
```

Webサーバー側で設定しない場合は、リニューアル前の古いURLに直接HTMLやJavaScriptを設定する必要があるよ！
リダイレクトが必要なページ数も含めて設置方法を検討しよう！

インクルード

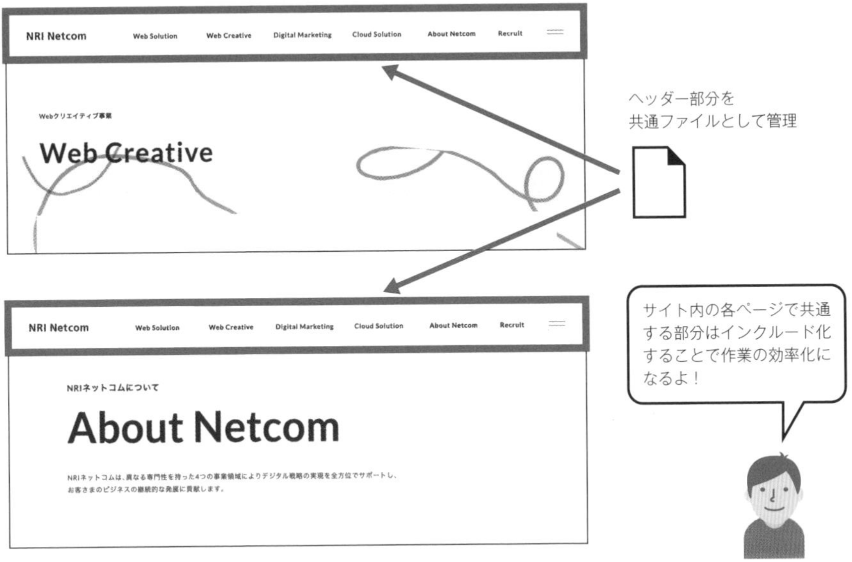
NRI Netcom
Web Solution
Web Creative
Digital Marketing
Cloud Solution
About Netcom
Recruit
Webクリエイティブ事業
Web Creative
NRI Netcom
Web Solution
Web Creative
Digital Marketing
Cloud Solution
About Netcom
Recruit
NRIネットコムについて
About Netcom
NRIネットコムは、異なる専門性を持った4つの事業領域によりデジタル戦略の実現を全方位でサポートし、
お客さまのビジネスの継続的な発展に貢献します。
ヘッダー部分を
共通ファイルとして管理
サイト内の各ページで共通する部分はインクルード化することで作業の効率化になるよ！

関連用語 HTML、JavaScript ▶▶▶ P.146　SEO ▶▶▶ P.180

05 入力フォーム、EFO（Entry Form Optimization）

資料請求やユーザー登録、商品・サービスへの問い合わせなど、Webサイト上で欠かすことのできない**「入力フォーム」**。ここでは入力フォームのUIを検討する際のポイントについて紹介します。

● UI設計が特に大事となる入力フォーム

入力フォームはただ設置すればよいということではなく、ユーザーが入力を進めやすいフォームである必要があります。

入力画面がわかりづらく、ページを離れてしまったり、入力作業にストレスを感じて途中離脱してしまい完了しなければ、資料請求などWebサイトにおける最終的な成果（コンバージョン）を逃すことになり、ユーザー獲得の機会が失われます。

例えば、入力項目の多さや並び、必須／任意項目の表示、入力エラー時のメッセージ表示、スマートフォンでの表示最適化など、ユーザーがストレスを感じることなく最後まで入力完了させるためにはUI設計における工夫がとても重要になります。

● EFO（Entry Form Optimization）

EFOとは「エントリーフォーム最適化」の略称で、入力の手間を減らし、より短時間で正確に入力が完了できるように入力フォームの目的に合わせて最適化することを指します。ユーザーが途中離脱することを最小限に抑え、Webサイトのコンバージョンを向上させる施策の1つです。

● EFOツールの導入も検討

簡易な入力フォームであれば、**EFOツール**の導入を検討してみるのもよいでしょう。ツールを導入することで、最適化された入力フォームを効率的に構築でき、入力画面・項目ごとに離脱箇所が分析できるレポート閲覧機能が提供されるため、運用改善の検討にも役立ちます。導入には、初期費用や月額費用がかかるので、機能を比較して目的に見合っているか確認しながら検討しましょう。

イメージでつかもう！

入力フォームのUI検討は特に大事！

入力画面がわかりづらく面倒に感じてページを離れてしまったり、入力作業にストレスを感じて完了前に途中離脱してしまったりすると、コンバージョンを逃すことになってしまいます。

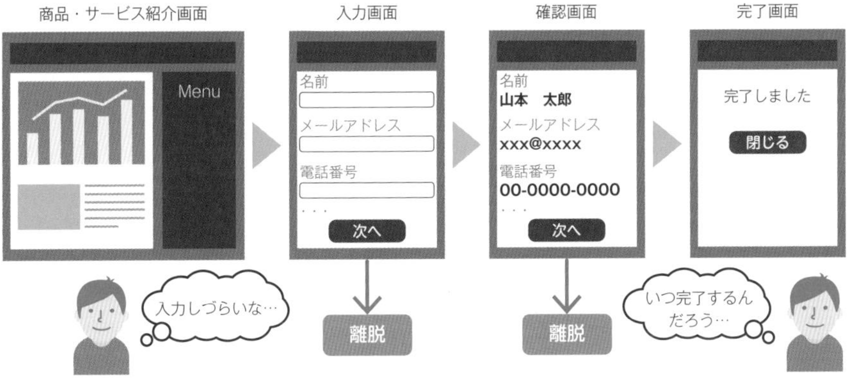

商品・サービス紹介画面
入力画面
確認画面
完了画面
Menu
名前
メールアドレス
電話番号
次へ
山本　太郎
xxx@xxxx
00-0000-0000
完了しました
閉じる
入力しづらいな…
離脱
離脱
いつ完了するん
だろう…

EFO（入力フォーム最適化）のUI検討ポイント

入力フォームのUIは、ユーザー視点の入力のしやすさ、わかりやすさといった細かい配慮を取り入れた検討を行うことがポイントです。代表的な例をご紹介します。

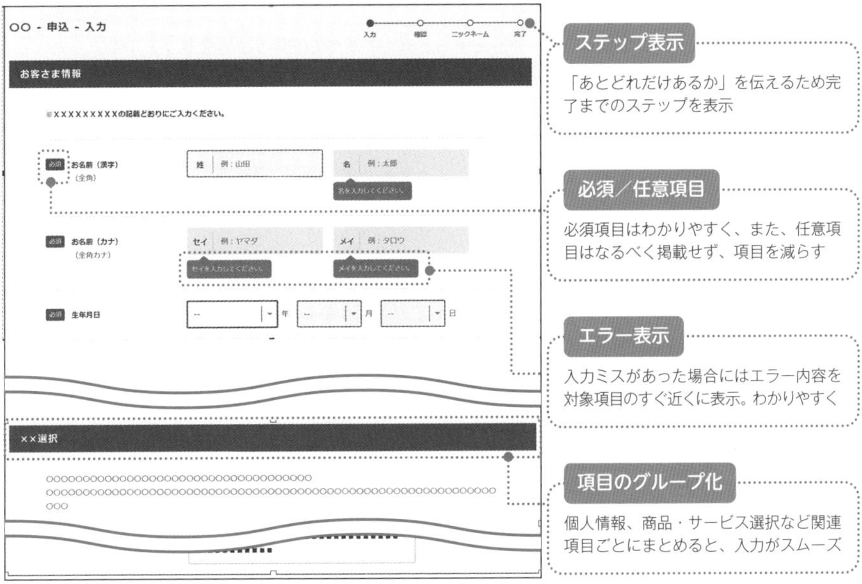

○○ - 申込 - 入力
入力
確認
ニックネーム
完了
お客さま情報
※XXXXXXXXXの記載どおりにご入力ください。
必須
お名前（漢字）
（全角）
姓
例：山田
名
例：太郎
お名前（カナ）
（全角カナ）
セイ
例：ヤマダ
メイ
例：タロウ
生年月日
年
月
日
××選択
ステップ表示
「あとどれだけあるか」を伝えるため完了までのステップを表示
必須／任意項目
必須項目はわかりやすく、また、任意項目はなるべく掲載せず、項目を減らす
エラー表示
入力ミスがあった場合にはエラー内容を対象項目のすぐ近くに表示。わかりやすく
項目のグループ化
個人情報、商品・サービス選択など関連項目ごとにまとめると、入力がスムーズ

関連用語　UI ▶▶▶ P.140　コンバージョン ▶▶▶ P.100

06 Web制作会社とのコミュニケーション

要件定義・設計が完了し、開発工程の作業に入ると、Web 制作会社の開発作業が中心となり、どこまで作業が進んでいて、どのような課題が発生しているかが見えづらくなります。適切なコミュニケーションを行い、開発状況をチェックしましょう。

● 開発状況は定量・定性の 2 つの観点で報告してもらう

開発状況の確認方法として、定期的に進捗状況を報告してもらう場を設けましょう。各社個別または、集まった場にてプロジェクトの規模に応じて、週次、月次で実施し定期的に確認するようにします。報告内容は 2 つの観点を中心に確認します。

定量的な報告は、Web サイト制作ではスケジュールの予定・実績と、制作対象の画面数に対して何画面制作が完了した、といった内容になります。**定性的な報告**は、機能やコンテンツの種類ごとに問題なく進行できているのか、課題が発生していてどのような影響があるのか、など詳細な状況を報告してもらいます。

● 課題が発生した場合は、発注側企業で主体的に調整を行う

中〜大規模プロジェクトの場合は、複数の Web 制作会社が並行で作業を行っているケースが多く、ある制作会社の進捗状況が関連する他の制作会社の作業に影響したり、影響の少ない課題として報告された内容が、実は広範囲に影響する課題となったりする場合などもあり、手戻りや追加コストが必要になるリスクが考えられます。

課題の対応方法や、対応期限の設定は Web 制作会社に任せるのではなく、発注側企業内のプロジェクトチームが調整しなくてはなりません。そのためには、プロジェクト全体の進捗状況や課題を的確に把握することが重要です。

● 課題管理・進捗報告の内容にもルールを決めておく

課題を的確に把握するためには、Web 制作会社の報告資料を横断的にプロジェクトチームで取りまとめて、共有するようフォーマットの統一や、記載ルールについても定めておきましょう。Backlog のようなプロジェクト管理ツールなどプロジェクトチームが効率的に運用できる手法を取り入れましょう。

プラス1　例えば制作会社の品質が悪かった場合や、正しく報告をしてもらえないケースはよくあります。その場合はプロジェクト責任者をとおして指摘し、改善策を検討してもらうようにしましょう。

イメージでつかもう！

進捗状況の確認

定量的に予定・実績がわかる資料と、定性的に状況が把握できる内容についてWeb制作会社から報告してもらいましょう。

○進捗報告資料のサンプル

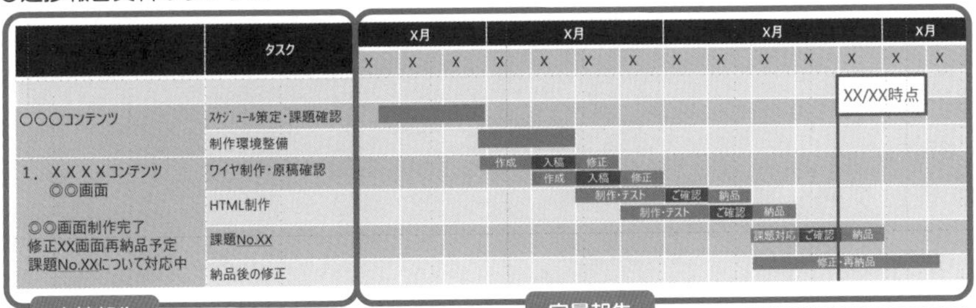
タスク
X月
X月
X月
X月
XX/XX時点
○○○コンテンツ
ｽｹｼﾞｭｰﾙ策定・課題確認
制作環境整備
1. ＸＸＸＸコンテンツ
◎◎画面
ワイヤ制作・原稿確認
作成
入稿
修正
HTML制作
制作・テスト
ご確認
納品
◎◎画面制作完了
修正XX画面再納品予定
課題No.XXについて対応中
課題No.XX
課題対応
納品後の修正
修正・再納品

定性報告

機能やコンテンツの種類ごとに問題なく進行できているのか、課題が発生していてどのような影響があるのか、といった詳細な状況

定量報告

スケジュールの予定・実績と、制作対象の全体画面数に対して何画面制作が完了した、といった内容

課題状況の確認

課題を一覧化し、読み合わせを行いましょう。特に開発工程での課題は手戻りや追加コストが必要になることも考えられます。

○課題管理（Excelの例）

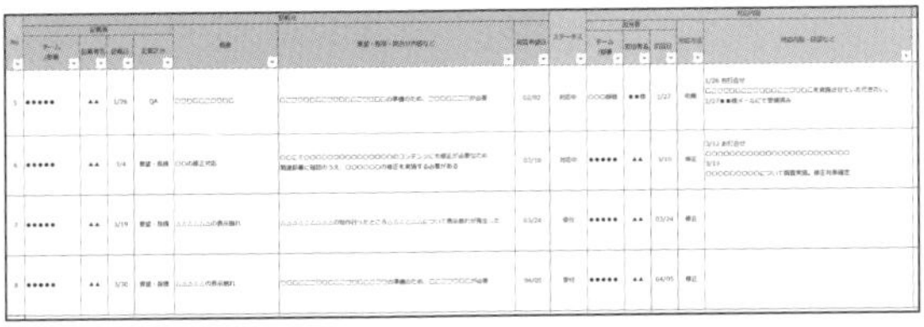

課題の対応方法や、対応期限の設定はプロジェクトチーム側の仕事です！

課題表の記載内容

- 課題のタイトル
- 優先度
- 完了条件
- 記載日
- 起票者
- 担当者
- 課題の詳細
- 課題が発生した経緯、影響範囲
- 期限
- 完了日

○課題管理（プロジェクト管理ツールの例）

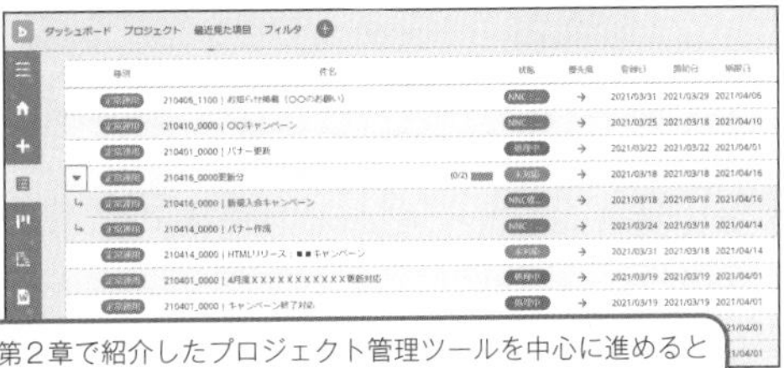
ダッシュボード
プロジェクト
最近見た項目
フィルタ

第２章で紹介したプロジェクト管理ツールを中心に進めるとやり取りがスムーズになるよ！

関連用語　要件定義、設計、開発 ▶▶▶ P.46　プロジェクトチーム ▶▶▶ P.36　Backlog ▶▶▶ P.49

07 モックアップ制作時の注意点

システム開発を伴う場合、通常の静的サイト制作とは異なり、**モックアップ**を制作してから開発に進んだほうがスムーズに進行できます。開発ベンダーに正しく要件を伝えることを意識した役割分担や、進め方についての取り決めがポイントです。

● モックアップとは

プロジェクト内で完成系のデザインイメージを早い段階で共有することを主な目的として、HTML で制作されたサンプル画面のことを指します。**レイアウトや操作性の確認を行うためのものであり、機能的な確認は行えません。**

モックアップの制作を依頼する際は、Web 制作会社だけではなく、システム開発会社も含めた三者で各工程での認識合わせを実施することがポイントとなります。

● 画面設計工程のポイント

ワイヤーフレームを検討する際に、動的に出力される項目は「どの条件で」「どう変動するのか」を理解して、どんな値が出力されても崩れなく表示されなければなりません。Web 制作会社とシステム開発会社で認識合わせを実施してもらう（**実現可能性を検討する**）ことで、開発工数の上ブレや機能の認識違いを防ぎます。

● デザイン工程のポイント

デザイン作成時にも、動的制御の仕様やシステム制約を連携し、仕様に合ったデザインを起こしてもらいます。ここでも再度実現可能性を検討できると安心です。

● コーディング工程のポイント

画面の表示パターンなどの洗い出し、制作する言語などの仕様・制作ルールについてすり合わせを行います。制作ルールは**コーディングガイドライン**としてドキュメント化しておくと認識合わせがスムーズです。制作ルールをすり合わせても設計ミスなどにより変更が必要となる場合があるため、制作されたサンプル画面についてプロジェクト内で早めに確認・承認を実施していくことがポイントです。

プラス1 プロジェクトによっては、モックアップの制作完了までシステム開発会社がチェックを実施しないケースもあります。その場合は別途チェック期間と制作会社の追加修正期間を設けましょう。

イメージでつかもう！

モックアップ制作フロー

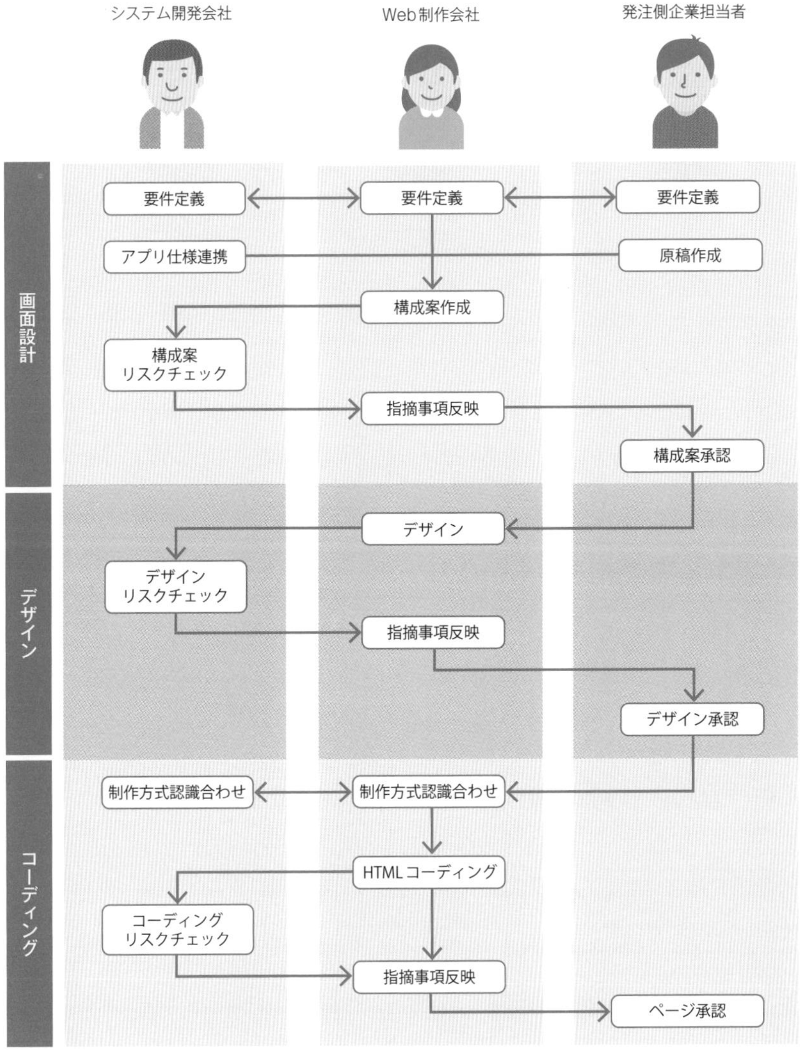
システム開発会社
Web制作会社
発注側企業担当者
画面設計
デザイン
コーディング
要件定義
要件定義
要件定義
アプリ仕様連携
原稿作成
構成案作成
構成案
リスクチェック
指摘事項反映
構成案承認
デザイン
デザイン
リスクチェック
指摘事項反映
デザイン承認
制作方式認識合わせ
制作方式認識合わせ
HTMLコーディング
コーディング
リスクチェック
指摘事項反映
ページ承認

モックアップ制作時は、システム開発会社、Web制作会社、発注側企業担当者の三者で認識合わせを実施することがポイントです。例えば画面設計工程でシステム開発会社がリスクチェックをどこまで詳細に実施できるかなど、プロジェクト体制によっては進行が難しいケースもあります。発注側企業担当者が主体的にコミュニケーションを行うようにしましょう。

関連用語 HTML ▶▶▶ P.146　動的 ▶▶▶ P.118　コーディングガイドライン ▶▶▶ P.86

08 Webアプリケーションの基本

本書では主にWebサイトの構築・運用をするうえでの基本的なポイントを解説していますが、「Webアプリケーション」を構築・運用するうえでは、より専門的な観点の情報や知識が必要になってきます。

● Webアプリケーションとは

Webの世界では「Web○○」といったさまざまな言葉を耳にします。簡単に整理すると、Webを介して人が利用するサービスを提供するものが**「Webアプリケーション」**、プログラムが利用するサービスを提供するものは**「Webサービス」**と呼ばれます。そして、WebサイトやWebアプリケーション、Webサービスを提供するための仕組みが**「Webシステム」**となります。

● 基本となる3層構造とMVCモデル

Webアプリケーションは基本的に**3層構造（3層アーキテクチャ）**と呼ばれる階層的な構造になっています。この3階層とは、ユーザーインターフェースとなる「プレゼンテーション層」、業務処理を行う「アプリケーション層」、データ処理や保管を行う「データ層」です。

その他に**「MVCモデル」**というものがあります。MVCのMは「Model」で、アプリケーションの扱うデータと業務処理を指します。Vは「View」で、ユーザーへの出力処理を指します。Cは「Controller」で、必要な処理をModelやViewに伝える役割を担います。

● 他にも必要な基本的な知識

Webアプリケーションについてさらに詳しく知るためには、インターネット／ネットワークの関係性や、HTTPのやり取りやデータ形式、Webアプリケーション／システムの基本的な構成、セキュリティの考え方などを学ぶ必要があります。Web担当者にこれらの知識があると、プロジェクトを進める際に社内のIT部門や開発会社に対して要件や課題を伝えやすくなり、調整役としてより活躍できることでしょう。

プラス1 Model、View、Controllerの各要素がアプリケーションの内部でそれぞれ独立し、お互いに連携してアプリケーションの処理を行う構造をMVCモデルと言います。

イメージでつかもう！

Webアプリケーションと Webサービスの違い

Webアプリケーションとはショッピングサイトやネットバンキングなど、Webを介して人が利用するサービスを提供する部分を指します。

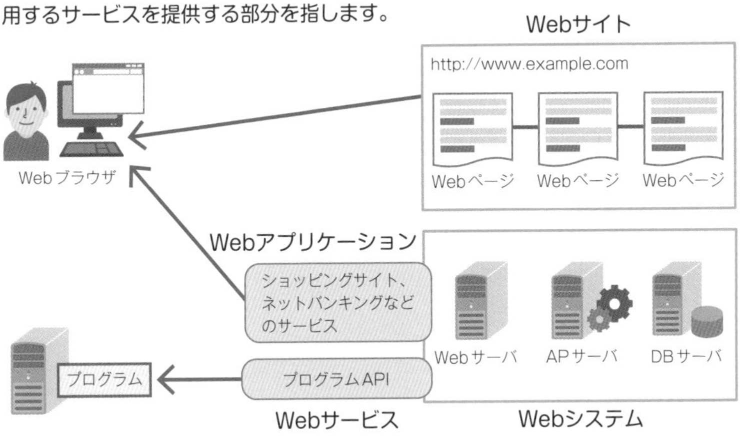

Webサイト
http://www.example.com
Webブラウザ
Webページ
Webページ
Webページ
Webアプリケーション
ショッピングサイト、
ネットバンキングなど
のサービス
Webサーバ
APサーバ
DBサーバ
プログラム
プログラムAPI
Webサービス
Webシステム

3層構造とMVCモデル

3層構造（3層アーキテクチャ）はWebシステム全体の設計方針を指し、MVCモデルはアプリケーション層の設計方針を指します。

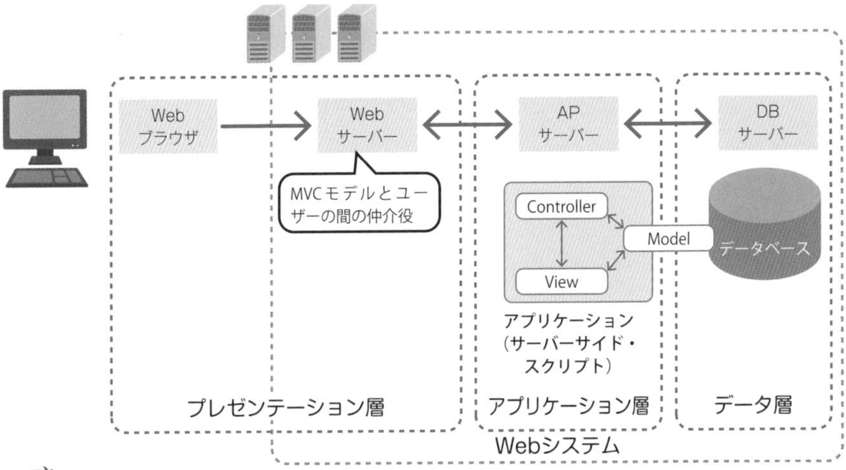

Web
ブラウザ
Web
サーバー
AP
サーバー
DB
サーバー
MVCモデルとユーザーの間の仲介役
Controller
Model
View
データベース
アプリケーション
（サーバーサイド・
スクリプト）
プレゼンテーション層
アプリケーション層
データ層
Webシステム

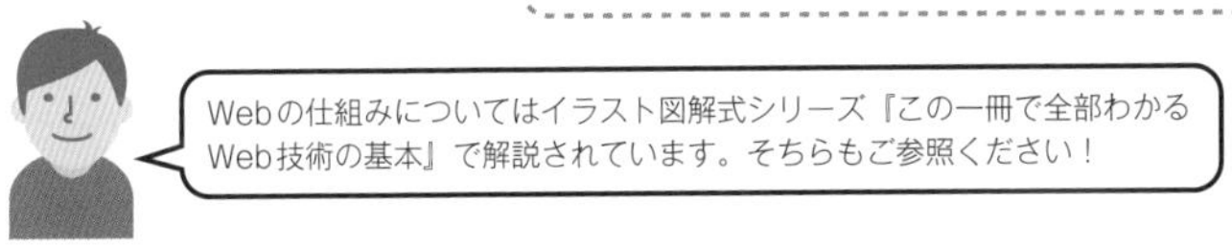

Webの仕組みについてはイラスト図解式シリーズ『この一冊で全部わかるWeb技術の基本』で解説されています。そちらもご参照ください！

Web技術の基本

COLUMN

Web ブラウザの種類と表示の違い

Web サイトを確認しているときに、ある PC ではデザインどおりに表示されるのに、別の PC で見ると表示が崩れている場合があります。その理由として、Web ブラウザごとの表示の違いがあります。

• Web ブラウザの種類

Web ブラウザとは、Web サイトの閲覧に使用するソフトを指します。PC やスマートフォンでは最初からインストールされているため、あまり意識しないかもしれませんが、Web ブラウザにも種類があり、主流のブラウザは以下の 3 種類です。

Google Chrome：Google 社が提供していて現在最も多く利用されており、Web サイト制作をするうえで基準にするブラウザと考えてよいでしょう。

Safari：Apple 社が提供していて Mac や iPhone、iPad で標準インストールされています。Windows や Android 端末では Safari は使用できません。

Microsoft Edge：Microsoft 社が提供している「Internet Explorer」の後継ブラウザで利用者が増えています。基本的に「Google Chrome」と同じ仕様を採用しているため、大きな表示の違いはないようです。

• Web ブラウザごとの表示の違い

Web ページを制作する際に使用する HTML、CSS 言語（8-2 節参照）は、Web ブラウザによって微妙に異なる解釈をしてページを描画するため、それぞれの Web ブラウザに対応した作り方がされていないと、見え方が異なる場合があります。例えば、iPhone だけ画像が縦に大きく伸びて表示される、電話番号をタップしたときの動きが Android と iPhone で違う、Chrome だけアニメーションの動きが遅い、など違いが出てきます。

また、企業の場合、社内システムやセキュリティの観点からブラウザのバージョンが最新にできず古い場合があり、その影響で企業側担当者の PC のみ表示が崩れるケースもあります。Web サイトとして保証するブラウザを正しく確認しましょう。

Chapter

9

Webサイトを公開・運用・改善する

本章では、Webサイトの公開方法や公開後の評価方法、「アクセス解析」、「ユーザビリティ評価」、「SEO（検索エンジン最適化）」、「Webパフォーマンス」などを解説します。

01 公開・運用・改善のプロセス

Web サイトは公開してからの運用が本当のスタートだとよく言われます。ユーザー視点で考え作成し公開したものの、その後の運用や集客、状況に応じた改善を続けなければ、継続的にユーザーに支持される Web サイトに成長させることは困難です。

● Web サイトの公開方法

Web サイトを公開する方法は、レンタルサーバーやクラウドに構築する方法などさまざまです。大まかな流れは以下のとおりですが、公開方法はサイト構築の初期段階で決めておく必要があります。

1. 公開方法を決め、公開する環境（Web サーバー、CMS など）を用意する
2. 独自ドメインを取得する
3. Web サイトをローカル環境などで作成する
4. 作成したサイトの動作や内容の検証を行う
5. 作成したファイルを Web サーバーで公開する

具体的には 9-3 節で詳しく説明します。

● Web サイト運用と改善プロセス

公開後の Web サイト運用は、**毎日 Web サイトの状態を確認する**ことが第一歩です。実在する店舗であれば、毎日その様子を確認すると思いますが、Web サイトも同様に毎日その状況を確認し、適切な対応を続けることが肝要です。

Web サイトの状態の確認方法としては、**「Google アナリティクス」**などのアクセス解析ツールをあらかじめ導入しておき、アクセス状況を確認します。これにより、アクセスが多い時間帯から情報の掲出タイミングを検討したり、ユーザーの行動からサイト内の導線を見直したり…といった改善につなげることができます。

また、現在は検索サイトからの流入がほとんどを占めることが多く、Google 社が提供する**「サーチコンソール」**などをあらかじめ設定しておくことで、Google の検索結果でのサイトの掲載順位を監視、管理し、改善にあたってのヒントを得ることができます。

プラス1 Web サイトを健全に保ち、運用するには、さまざまなツールを活用して日々の状況把握を行い、継続した改善サイクルを構築することが不可欠と言えます。

イメージでつかもう！

公開や更新にあたっての承認フローを決めておこう

会社でWebサイトを運営している場合、承認ルールを定めておく必要があります。コンテンツを主管する部署だけでなく、関連部署などを含めた承認フローをあらかじめ設定しておきましょう。

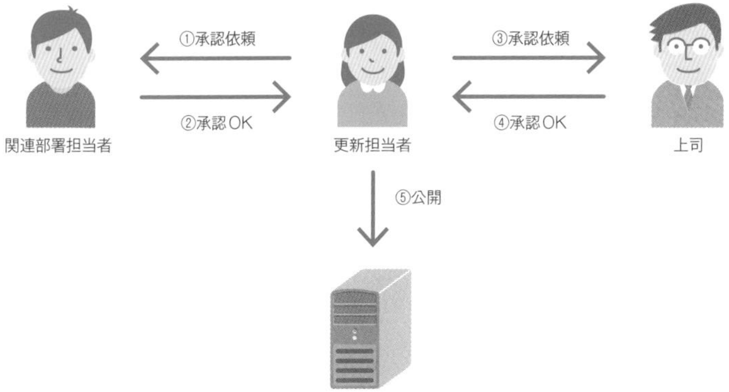

①承認依頼
②承認OK
③承認依頼
④承認OK
関連部署担当者
更新担当者
上司
⑤公開

リアル店舗とWebサイトの違い

リアル店舗とは違い、Webサイトでは成果に至らなかった行動を分析して、成果につなげるためにどんな改善が必要かを考えてアプローチすることができます。

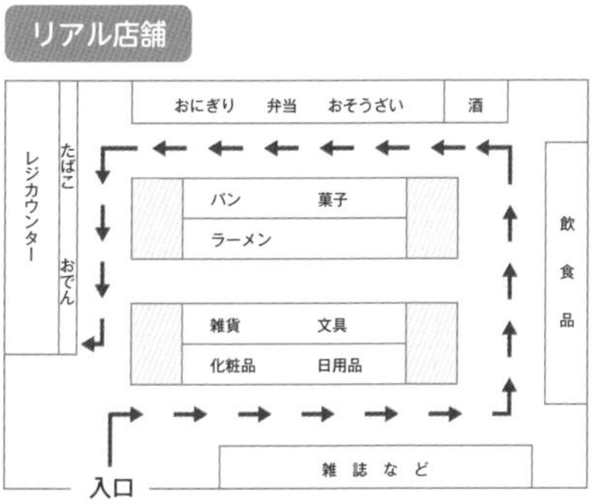

リアル店舗
おにぎり
弁当
おそうざい
酒
レジカウンター
たばこ
おでん
パン
菓子
ラーメン
雑貨
文具
化粧品
日用品
飲食品
雑誌など
入口

リアル店舗では、売上に結びついた顧客の店内での行動や、接客時のやり取りなどから店内のディスプレイや接客における改善点を考える。

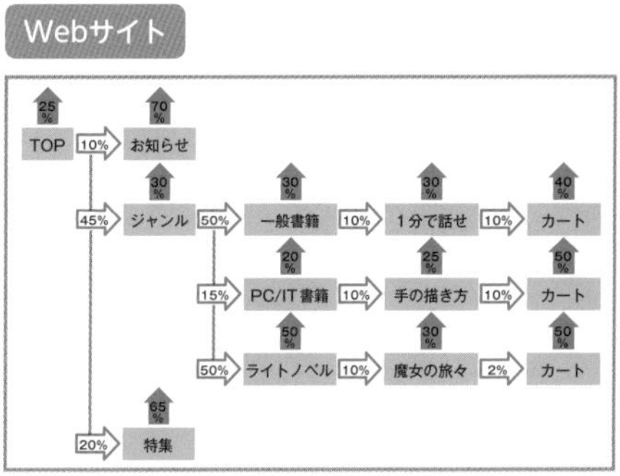

Webサイト
TOP
お知らせ
ジャンル
一般書籍
1分で話せ
カート
PC/IT書籍
手の描き方
ライトノベル
魔女の旅々
特集

Webサイトでは、アクセス解析により売上に結びついた顧客と、購入に至らなかった顧客の両方のサイト内での行動を分析し、サイト内のコンテンツの配置やナビゲーションなどに改善点がないか検討する。

関連用語 Google アナリティクス ▶▶▶ P.176　サーチコンソール ▶▶▶ P.182

02 Webサイトの検証

Webサイトの公開直後にドタバタと修正を繰り返すなど、公開早々にユーザーの信頼を損ねることが無いようにしたいものです。

間違った情報の掲出によるトラブルだけでなく、さまざまな環境（デバイス、OS、ブラウザ）で閲覧されることで生じるいわゆる表示崩れ（表示不正）によって、内容が伝わらなかったり、内容が誤認されたりしないよう、公開までに入念な検証を行うべきです。

● 制作段階での検証

Webサイトの検証は、制作中から計画的に行い、効率的に実施するべきです。完成後にすべての確認を実施した場合、公開直前にたくさんの問題が発覚し、修正が必要になります。さらに、想定していなかった大きな修正が必要となった場合は、公開延期にもなりかねません。

また、公開に至るまでの修正内容をGit（ギット）などのバージョン管理システムを活用して管理しておくことで、修正内容を追跡して確認でき、また修正時には差分として表示されるため、修正内容の確認を制作者に促すことができます。

● 公開直前の検証

制作段階で十分な検証を行っていたとしても、制作過程での変更による不具合など、**公開直前に検証を行うことで避けられるような不具合もあります。**Webサイトの完成後にあらためて検証を行い、万全の状態で公開を迎えたいものです。

● 公開リハーサルの実施

Webサイトを新たに公開する際、事前に十分な検証を行っても、**本番サーバーに乗せた途端、意図しない障害が発生することも稀にあります。**特に、はじめての環境や技術を採用した際など、「はじめて」が多い場合ほどリスクは高まります 。

事前に深夜帯やアクセスを制限するなどの形式で、公開リハーサルを実施し、公開時に問題が露見することの無いようにしましょう。

イメージでつかもう！

検証すべき内容とタイミング

適切なタイミングで必要な検証を実施できるよう、あらかじめ工程ごとに検証内容を決めておきましょう。

凡例）○：必ず実施すべき　△：必要に応じて実施

#	検証観点	制作段階	公開直前	検証内容
1	コンテンツ内容チェック	○	△	コンテンツ内容が想定どおりか確認します。特に制作に時間を要した場合は、制作から公開までの間に更新が必要になったコンテンツが無いか確認する必要があります。
2	META 情報チェック	○	△	コンテンツごとに META 情報を設定している場合は、内容が正しいか確認します。 SNS 向けのタグを設定している場合は、各 SNS が提供するツールなどで確認します。
3	文書校正、表現チェック	○	△	誤字脱字や、表現方法のレギュレーション（規約）に沿っているかなどを確認します。
4	機能チェック	○	△	機能が仕様どおり正しく機能するか確認します。 公開直前には本番サーバーで事前に動作を確認します。
5	リンクチェック	○	○	Web サイト内だけでなく、外部サイトへのリンクが正常に機能しているか確認します。 特に外部サイトへのリンクは、変更されているケースなどを想定し、公開直前にも確認が必要です。
6	ブラウザ表示チェック	○	△	あらかじめ対象とするブラウザや OS 環境などを決め、それぞれの環境で正しく表示されるか確認します。
7	アクセシビリティチェック	○	△	アクセシビリティチェックツールを用いて検証を行います。 色彩・コントラストについてはビジュアルデザインの段階で確認することができます。
8	表示パフォーマンスチェック	○	○	Google 社のツールや、Chrome ブラウザのデベロッパーツールなどを使って簡単にチェックすることができます。

SNSチェックツール

Twitter Card validator
https://cards-dev.twitter.com/validator

Facebook シェアデバッガー
https://developers.facebook.com/tools/debug

表示パフォーマンスチェックツール

Google PageSpeed Insights
https://pagespeed.web.dev/

アクセシビリティチェックツール

総務省 miChecker（エムアイチェッカー）
https://www.soumu.go.jp/main_sosiki/joho_tsusin/b_free/michecker.html

HTML_CodeSniffer
http://htmlcs.acri.jp/

03 Webサイトの公開

Web サイトの公開方法によって、コンテンツの管理方法や運用フローなどが大きく異なります。また、公開時の告知活動を事前に計画しておく必要があります。

● Web サイトの公開方法

Web サイトを公開する方法はさまざまありますが、一般的な 2 つの方法について解説します。

① Web サーバーにファイルを配置して公開する方法（ファイル運用）

Web サーバーの領域を借りるレンタルサーバーや、1 つのホスト（サーバー）を占有する形式などさまざまですが、いずれの場合も作成した Web サイトを構成するファイルを指定の領域に配置することで公開することができます。

具体的にファイルを動かして公開する方法であるため、コンテンツの更新時などで先祖返りなどの人為的ミスによる不具合などが発生しやすく、特に注意を払う必要があります。

② CMS を使って公開する方法

CMS（コンテンツ・マネジメント・システム、4-5 節）は、Web サイトを構成するコンテンツ（テキストや画像）とデザインレイアウトから Web ページを生成する機能や、統合的な管理機能を持ち、公開（配信）に必要な処理を行うシステムです。

CMS には有償で高額なものから、オープンソースで提供され無償利用可能なものまでさまざまあります。

CMS 導入にあたっては、一度導入すると変更が難しい面があるため、機能面、コスト面などさまざまな観点で要件を満たす CMS を選定する必要があります。

● 公開時の告知

Web サイトをはじめて公開した際には、十分な告知が必要となります。

Web サイトを公開しても、十分な集客がなされなければ、目的を達成することができないため、**Web サイトの公開前に十分な告知計画を練っておく必要があります。**

イメージでつかもう！

CMSの種類によってWebサイトのコンテンツの生成・配信方法が大きく異なる

静的CMS　コンテンツ登録・更新時にファイルを生成し、Webサーバーに配置する方式のCMS

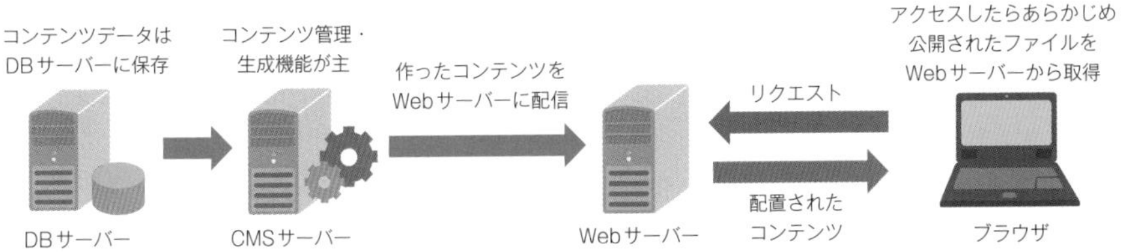
コンテンツデータは
DBサーバーに保存
コンテンツ管理・
生成機能が主
作ったコンテンツを
Webサーバーに配信
リクエスト
アクセスしたらあらかじめ
公開されたファイルを
Webサーバーから取得
配置された
コンテンツ
DBサーバー
CMSサーバー
Webサーバー
ブラウザ

CMSを使用しない「ファイル運用」と同様に、Webサーバーがコンテンツを配信する。Webサーバーの性能などにも左右されるが、一般的に表示パフォーマンスに優れる。WebサーバーにSFTPなどでファイルを配置すれば公開可能であるため、CMSとファイル運用を併存させてサイト運用を行うことが可能だが、対象の重複による事故が発生しやすいため、注意が必要。

動的CMS　アクセス時に動的にHTMLなどを生成する方式のCMS

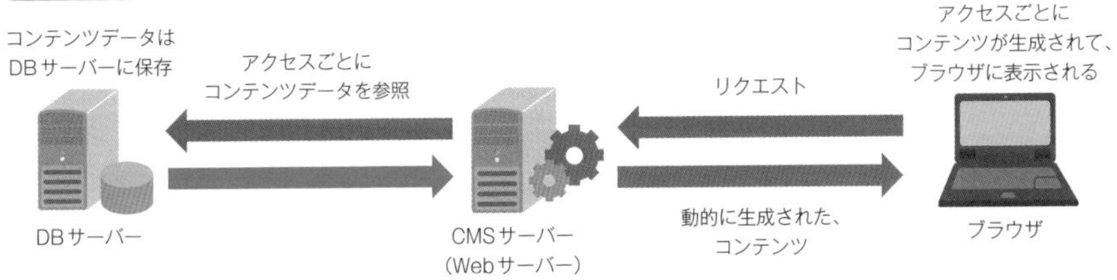
コンテンツデータは
DBサーバーに保存
アクセスごとに
コンテンツデータを参照
リクエスト
アクセスごとに
コンテンツが生成されて、
ブラウザに表示される
DBサーバー
CMSサーバー
(Webサーバー)
動的に生成された、
コンテンツ
ブラウザ

アクセスごとにHTMLが生成されるため、アクセスごとに条件に応じた内容を表示することができる。CMSサーバーがコンテンツを配信するため、システム障害でCMSサーバーが止まってしまうと、Webサイトが閲覧できない状態となる。公開されるコンテンツはすべてCMSを介すことになるため、コンテンツの一元管理が可能。

ヘッドレスCMS　HTMLなどを生成する機能を持たず、コンテンツ管理に特化したCMS

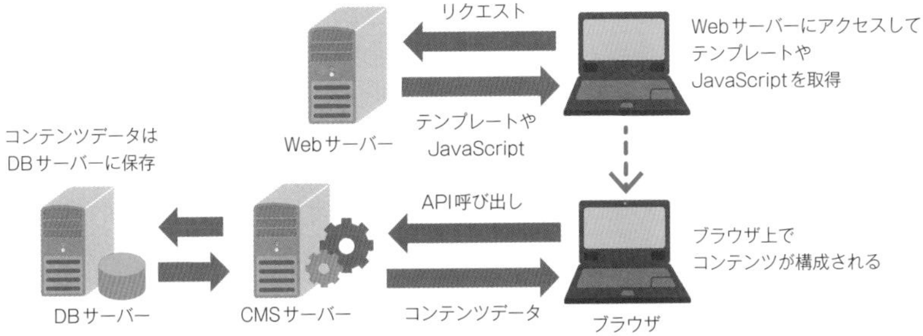
リクエスト
Webサーバーにアクセスして
テンプレートや
JavaScriptを取得
Webサーバー
テンプレートや
JavaScript
コンテンツデータは
DBサーバーに保存
API呼び出し
ブラウザ上で
コンテンツが構成される
DBサーバー
CMSサーバー
コンテンツデータ
ブラウザ

ブラウザでWebサイトへアクセスすると、Webサーバーから取得したテンプレートやJavaScriptなどによって、CMSサーバーが持つAPIが呼び出され、ブラウザ上でコンテンツが構成される仕組み。Webサイトだけでなく、スマートフォンアプリなど、コンテンツの活用先が広がる中で、ヘッドレス方式のCMSの採用が進んでいる。

関連用語　CMS ▶▶▶ P.78

04 運用設計

リリース後の現場では、さまざまな業務によって忙殺されている場合が多いようです。Web担当者が本来注力するべきはWebサイトにおける目的や目標の達成です。

● まずは運用コストを計算しよう

Webサイトを新たに構築する場合は、Webサイトの運用に一体どのくらいの工数（時間）がかかるかを、まずは見積もってみることが必要です。

見積もりにあたっては、**構築時の見積もりなどを参考にしながら、ひと月あたりにかかる工数を算出します。**想定する更新画面数（新規追加コンテンツ数など含む）や、分析や改善などの業務、SNSやユーザーからの問い合わせ対応など、必要な業務を種類別（戦略策定、企画・設計、開発・制作、運用・改善など）に算出します。さらに**工数に人件費をかけて、ひと月あたりの運用コストを割り出します。**

● 安定した運用体制を構築するには

運用にかかるコストを計算するために、必要な工数を見積もりましたが、その工数は自社内のメンバーで実施した場合、ひと月に収まる量でしたでしょうか？

また、あらかじめ毎月のWebサイト運用にかかる予算が決定している場合は、予算内に収まる内容となっているでしょうか？

運用設計は、まず予算内で最大の効用を引き出すための体制を考えることから始めます。業務別の工数見積もりを利用して、社内のリソースだけでは対応できないケースでは業務内容別にアウトソースする業務を選定します。戦略策定や改善業務など社内にノウハウを蓄積させたい業務は内製化を検討し、コンテンツ企画や設計、制作のようにスキルが必要で、慣れていないと手数が掛かるような業務をアウトソースするなどを検討します。

必ずしも上流工程は自社、下流はアウトソースと決め打つのではなく、自社の人員のスキル向上などを目的に、アウトソース先を有効に活用することで、自社内にノウハウを蓄積することができ、継続した改善が可能な安定した体制を構築できるようになります。

イメージでつかもう！

運用コストの計算方法

運用コストを以下のような方法で見積もり、実際の人件費と比較してみましょう。

（Webサイトの更新作業 ＋ 分析、改善などの業務 ＋ 問い合わせ対応）× 人件費

ひと月あたりにかかる工数（時間）

運用アウトソース先の選定方法

チェックポイントとしては、得意分野、実績、業務範囲、会社規模、実担当者の人柄や自社内のメンバーとのバランスを確認するとよいでしょう。

得意分野	下表にあるように、どの範囲を得意としているのか確認しましょう。
実績	これまでに類似した実績があるか、競合先との関係が無いかなど。
業務範囲	どの範囲まで受けられるのか、得意分野などを確認します。
会社規模	委託する業務内容を十分こなせる規模があるのか、リソース不足に陥ったり再委託が発生したりしないかなどを確認します。
担当者の人柄	主な窓口となる担当者の経歴や経験だけでなく、人柄や相性など信頼に足る人物であるか、会話がかみ合うかなどを確認します。

運用を任せるうえでは、運用に重きを置くべきですが、依頼した内容をそつなくこなすだけになってしまったり、新しいコンテンツ企画を任せられなかったりといった場合もあるため、アウトソース先に求める内容を整理して選定します。

会社種別ごとの評価例

	Web制作会社A	コンサル会社B	システム会社C	広告代理店D
マネジメント	△ 個人に依存	△ 上流のみ	○ 定評がある	× 広告運用のみ
戦略	× 苦手領域	○ 得意領域	△ 個人に依存	△ 広告戦略のみ
企画・設計・デザイン	○ 得意領域	× できない	× 苦手領域	× 下請け次第
制作・システム開発	△ システム開発は苦手	× 構想のみ	○ 得意領域	× 苦手領域
運用	△ 体制に依存	× 受けない	△ 体制に依存	× 受けない

05 評価指標の設計と運用

ビジネス用語として**「KGI」**や**「KPI」**をご存じでしょうか。Web サイトを設計・運用するうえでも、Web サイトの目的に応じて KGI や KPI と呼ばれる評価指標や **KSF(Key Success Factor、重要成功要因)** を設定しておくことで、Web サイトの目標達成状態を正しく把握し、必要な対策を講じていくことができます。

● KGI、KPI とは

KGI とは、「Key Goal Indicator」の略で「重要目標達成指標」と訳されます。**Web サイトが最終的に達成すべき目標であり、誰にでも理解できるよう数値で表現します。**例えば、EC サイトならば売上金額にあたり、「1 年で売上金額 20%増」など、期間と目標値を明示する形式で表現されます。

一方、KPI は「Key Performance Indicator」の略で「重要業績評価指標」と訳され、KGI(目標) 対し、KPI は**その目標を達成するために必要なプロセスやタスクの進捗や達成度を計測するための中間指標を意味します。**例えば、「1 年で売上金額 20%増」という KGI だけでは、具体的に何をしたらよいかわかりませんが、KGI を「3 カ月で訪問者を 30%増」というような具体的な評価指標 (KPI) に分解することで、KGI 達成に必要な道筋を表現することができます。

● KGI の運用方法

KGI を効果的に運用するには、達成可能かつ明確な目標を設定することです。

ロジックツリー（物事を分解して考える手法）を使って KPI を設定することで、その KGI が達成可能かチェックできます。

KGI をロジックツリーの最上部層に置き、そこから目標達成のために何をすればよいのかをブレイクダウンして KPI として分解していきます。下層にいくほど日常的に達成すべき指標で、KPI が達成できなければ KGI も達成できないことにつながるため、結果をもとに見直しを検討する必要があります。

イメージでつかもう！

一般的なKPIツリーの例

KGIをロジックツリー手法で分解した図をKPIツリーと呼びます。
下図では省略しましたが、達成期間や数値目標をあわせて記載することで、KGI達成への道筋をロジックとして示すことができます。

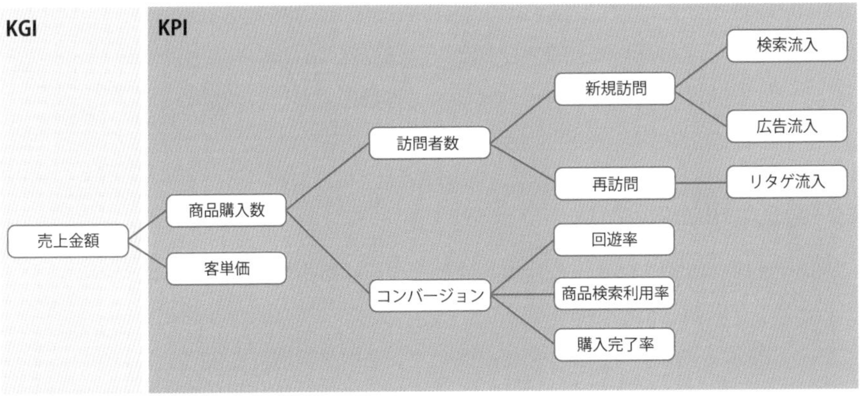

KGI
KPI
売上金額
商品購入数
客単価
訪問者数
コンバージョン
新規訪問
再訪問
回遊率
商品検索利用率
購入完了率
検索流入
広告流入
リタゲ流入

リタゲ＝リターゲティング広告。自社のWebサイトなどに訪れたことのあるユーザーに対して再度広告を配信する手法。

KSFを設定したKPIツリーの例

KPIツリーはKGI達成までのロジックをわかりやすく表現できる一方、個別のKPI達成を重視するあまり、Webサイト全体での改善施策を考えにくい側面がありました。
KGIからその達成手段としてKSF（Key Success Factor）を導き出すことで、Webサイト全体の戦略に落とし込みやすくなります。

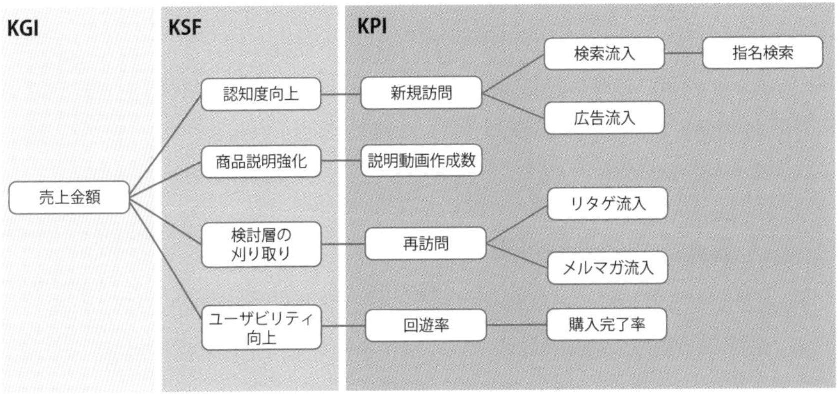

KGI
KSF
KPI
売上金額
認知度向上
商品説明強化
検討層の刈り取り
ユーザビリティ向上
新規訪問
説明動画作成数
再訪問
回遊率
検索流入
指名検索
広告流入
リタゲ流入
メルマガ流入
購入完了率

06 PDCAサイクル

PDCA サイクルとは、Plan（計画）、Do（行動）、Check（評価）、Action（改善）の頭文字をとって作られた言葉で、P ⇒ D ⇒ C ⇒ A の順のサイクルを繰り返して行うことで、問題点や課題が明確になるため、仕事の効率化や生産性の向上につながります。

● PDCA サイクルとは

Plan とは、計画を意味し、目標を設定し達成するための手段や方法を練ることを指します。目標は、計画の進捗を誰もが理解できるように、KPI などを用いて具体的な数値で設定します。設定した目標に対して、それを達成するまでの施策を計画します。

同じ目標に対し複数の施策を同時並行させてしまうと、評価が難しくなるため注意が必要です。

Do とは、計画を実行することです。すべての施策に即効性があるわけではないため、施策の有効性を評価する期間をあらかじめ設定します。

Check は、実行した施策の評価をすることです。結果が外的要因などに左右されていないかなど、慎重に行う必要があります。目標とする結果をただ追うだけでなく、それに至る経路など結果を構成する要素を分解して評価します。

Action は、評価結果をもとに改善案を検討することです。評価結果から現状を維持して計画を継続するのか、計画を変更して継続するか、などを判断します。計画を変更する場合は、評価結果をもとに仮説を立て、次の改善施策の計画を練ります。

● PDCA サイクルの運用方法

PDCA サイクルは、何度も繰り返すことでその精度を高める改善のフレームワークです。最初から難しい計画を立てずに、具体的で実現可能な計画からスタートし、計画に沿って実行します。評価はあらかじめ設定したタイミングで行い、進捗は定期的に確認するとよいでしょう。

イメージでつかもう！

PDCAサイクルの例

半年後の目標

Webサイトを経由した売上額を4倍にする
➡ Webサイトのアクセスを2倍にする
➡ CV（コンバージョン）数を2倍にする

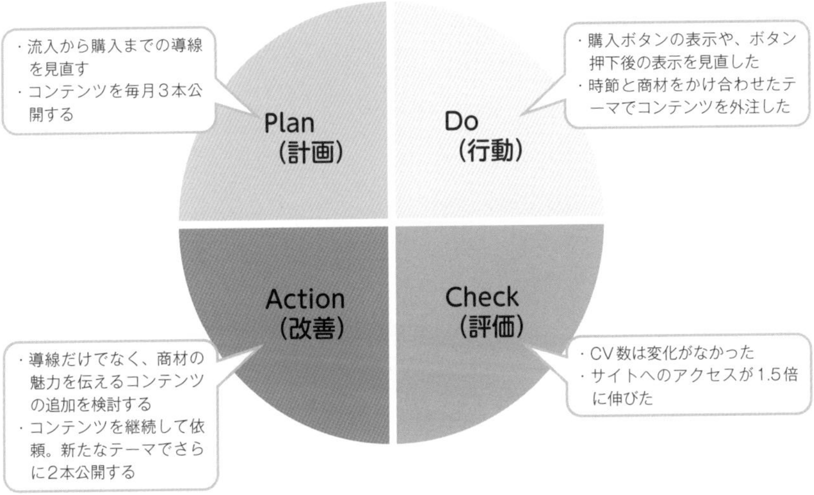

・流入から購入までの導線を見直す
・コンテンツを毎月3本公開する
Plan（計画）
Do（行動）
・購入ボタンの表示や、ボタン押下後の表示を見直した
・時節と商材をかけ合わせたテーマでコンテンツを外注した
Action（改善）
Check（評価）
・導線だけでなく、商材の魅力を伝えるコンテンツの追加を検討する
・コンテンツを継続して依頼。新たなテーマでさらに2本公開する
・CV数は変化がなかった
・サイトへのアクセスが1.5倍に伸びた

PDCAサイクルの失敗例

×目標が具体的な数値で示されていない　⇒KPIなどを活用しましょう
×無謀な計画を実行している　⇒確実に実行できる計画を立てましょう
×評価基準があいまい　⇒評価基準をあらかじめ定め、定期的に確認しましょう
×改善計画を実行できていない　⇒成果が出るまで焦らずに

07 Webサイトの評価方法

Webサイトを評価するには、**「定量分析」**と**「定性分析」**を使い分けることが肝要です。どんな分析ができるかを把握し、評価方法を組み立てましょう。

● 定量分析

定量分析とは数値データをもとに行う分析のことで、Googleアナリティクスをはじめとするアクセス解析ツールや、Webパフォーマンスやアクセシビリティなど一定の基準で数値化された結果に対して行う分析を指します。

誰が見ても同じように結果を認識することができるため、仮説や効果の検証に用いられることが多く、結果の偏りを防ぐために多くのサンプル数が必要となります。

Webサイトの状態を客観的に広く浅く分析することに適しており、その原因や理由を深く追求することには向いていません。

● 定性分析

定性分析とは質的データをもとに行う分析のことで、数値では表しきれない、ユーザーの心情や思考を読み解く目的に使用します。

定性分析の手法としては、インタビューや行動観察などがあります。定量分析とは違い、分析結果の見方によっては認識が分かれる場合もありますが、それだけ多くの改善ポイントを抽出できるため、課題や仮説の抽出を行うことに適しています。また、定性分析では**少ないサンプル数でもユーザーの心情を具体的に確認できるため、一貫した傾向がつかみやすい一方、客観的な判断がしづらいというデメリットがあります。**

● 定量分析と定性分析を組み合わせて評価しよう

Webサイトの評価方法として、アクセス解析が容易に導入しやすく、数値で結果が得られる定量分析に偏りがちな傾向があります。しかし、どちらか片方だけでは不十分であり、定量分析と定性分析を組み合わせて、数値の裏側にあるユーザーの心情を把握することで、より確度の高い改善策を考えることができます。

イメージでつかもう！

定量分析の例

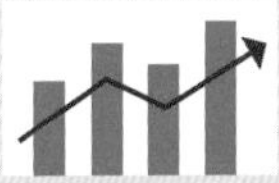

・アクセス解析

Webサイトにアクセスしてきたユーザーの属性や行動をアクセス解析ツールを用いて行う。現在ではGoogle アナリティクスなどJavaScriptを設置する形式が主流となっている。

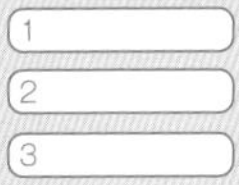

1
2
3

・選択式アンケート

ネットリサーチや街頭インタビューなど聴取方法はさまざまだが、5段階の選択式や2項目の択一式のアンケートに回答してもらう方法。

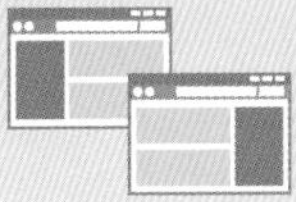

・多変量（A/B）テスト

Webサイトの複数の箇所を変更し、すべての組み合わせを一定期間に同時にテストし、どの組み合わせが効果的であるか検証する評価方法。

定性分析の例

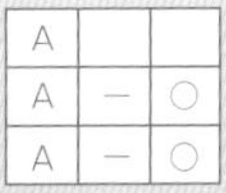

A
A — ○
A — ○

・ヒューリスティック評価

専門家の経験や知見に基づくチェックリスト型の評価方法。

・認知的ウォークスルー

専門家がターゲットユーザーになったつもりでWebサイトを閲覧・操作し、さまざまな問題点を指摘する評価方法。

・ユーザーテスト（行動観察・デプスインタビュー）

Webサイトを操作してもらいその行動を観察し、なぜそのように行動したのかを深く掘り下げて確認していく評価方法。

・グループインタビュー

モデレーターの進行で複数人で座談会形式で自由に発言してもらい、その内容や相互関係から仮説を導き出す調査手法。

UI / UX
web
webデザイン
SEO
プログラミング
Python
JavaScript

・カードソーティング

カードにコンテンツなどの名称を1項目ずつ書き出し、ユーザーにカードをグループ分けしてもらう調査手法。膨大な情報を整理することができるため、情報構造の検討などに有効。

・ヒートマップ評価

Webサイト上でのユーザーの行動をサーモグラフィーのように色で可視化する評価方法。ユーザーがページのどこを見ているかをマウスやスクロールの動きで分析する方法。

08 アクセス解析

実店舗であれば顧客の状況を把握し、その場でサポートすることができますが、Webサイトではそうはいきません。Webサイトでは、その場を繕うような対応はできませんが、アクセス解析によってユーザーの状況やサイト内での行動を把握・分析して、継続的な改善を行っていくことができます。

● アクセス解析ツールの種類

アクセス解析ツールには、Webサーバーが出力するログを集計する**サーバーログ型**、Webサイトのコードにタグを記述して機能する**Webビーコン型**、ネットワークのパケットを取得して解析する**パケットキャプチャ型**の3つがあります。

その中でも現在最も一般的に利用されているのはWebビーコン型の代表である**「Googleアナリティクス」**です。

Googleアナリティクスはその名のとおりGoogle社が提供するアクセス解析ツールで、高機能なうえに無料で使えるため、多くのWebサイトに導入されています。

他のアクセス解析ツールに比べ、導入数が多いことなどから、使用方法や活用方法を学ぶためのリソースが充実しています。

● Googleアナリティクスの導入方法

Googleアナリティクスの導入には、Googleアカウントが必要です。

Googleアカウントに解析したいWebサイトの情報を登録し、Webサイトの所有者であることの認証を行うと、**「トラッキングコード」**と呼ばれるHTMLコードが発行されます。

発行されたトラッキングコードをWebサイトの指定された箇所に記述するだけで、簡単に導入することができますが、それが記述されていないページがあると、ユーザーの正しい動きが把握できないため、すべてのページにトラッキングコードを記述します。

アクセス解析を行うためのデータ取得は不可逆であるため、早い段階からアクセス解析の設計を行うなど、準備をしておく必要があります。

プラス1 Googleアナリティクスの習熟度を認定する資格試験「GAIQ」や、さまざまな学習プログラムを活用して、使い方や活用方法を習得することができます。

イメージでつかもう！

Googleアナリティクス4プロパティの新機能

2020年10月にGoogleアナリティクス4プロパティ（以下GA4）がリリースされました。旧バージョンからの移行が必要なため、以前からGoogleアナリティクスを使用している場合はタグの変更や設定が必要です。

GA4の主な変更点は、従来のcookieを用いたセッション中心の計測から、ユーザーにフォーカスし、イベント中心の計測へと生まれ変わりました。それによりWebサイトとアプリをまたいだ統合的な分析ができるようになりました。

さらに機械学習による新たな示唆が得られるようになった他、プライバシーに配慮したデータ収集など大きく変更されています。

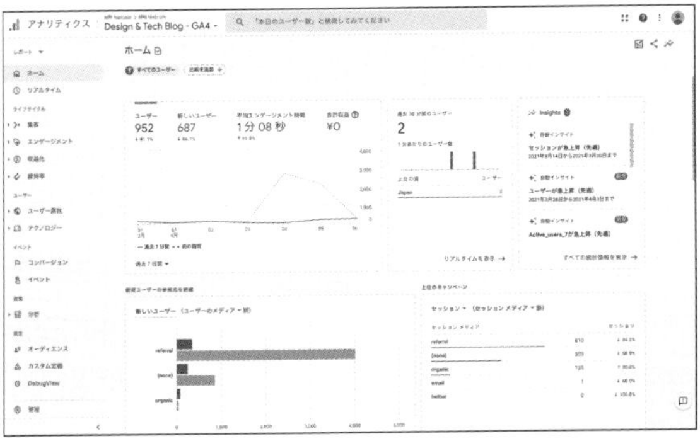
アナリティクス
Design & Tech Blog - GA4
ホーム
952
687
1分 08 秒
¥0
2

そのため、旧GAからの移行にあたり、データ移行はできません。

レポートUIや、設定方法などの変更も多く、これから導入する場合はGA4を、既に旧GAを使用している場合はGA4と併用を検討するとよいでしょう。

Googleアナリティクス4プロパティ（GA4）のメリット

GA4では計測形式がすべて「イベント」という形式になりました。旧GAではページビューやeコマースなど計測形式が混在していましたが、1つにまとまったことでこれまで自動で取得できなかったような、画面スクロールやファイルダウンロード、外部リンククリックなどのイベントを取得できるようになります。

ユーザーエクスプローラーで、イベント単位でどのようにサイトを閲覧したかを確認できます。

ユーザーの動きだけでなく、ユーザー像を把握した分析でユーザーへの理解を深めていくことができます。

544597116.1610589564
イベント数
182
¥0
0
21 分 47 秒
page_view
scroll
session_start

09 ユーザビリティ評価

Webサイトは、リアル店舗とは違いユーザーを直接サポートすることが困難である一方、ユーザーが目的をもって能動的に行動する特徴があるため、使いやすい操作性やよりよい体験を提供することが重要です。

● ユーザビリティとは

ユーザビリティは、ターゲットユーザーとその利用状況と目的に依存し、**有効性**（ユーザーが目的を達成できるか）、**効率性**（ユーザーが最小の時間や負荷で目的を達成できるか）、**満足度**（ユーザーが不快感を感じずに目的を達成できるか）の3つの指標で評価します。

ポイントは、**特定のユーザーとケースを想定したもの**である点です。想定外のユーザーやケースでは、ユーザビリティの評価が大きく異なる可能性があります。

別々のユーザーが同じ商材を購入する場合でも、低廉な価格を重視する場合と、品質を重視する場合では、評価が変わることがあることを意味します。

● ユーザビリティの評価方法

Webサイトのユーザビリティを評価するうえで、より具体的な問題点の発見のために、複数の定性的な評価方法を組み合わせて行います。**「ヒューリスティック評価」**と**「ユーザビリティテスト（観察法）」**が代表的な評価方法として挙げられます。

ヒューリスティック評価とは、ユーザビリティの専門家が経験則に基づいて評価を行い、ユーザビリティの問題点を発見する方法で、ユーザーの協力が不要なため、早期に問題点を把握することが可能です。ユーザビリティテスト前に対象箇所を絞り込む目的で行うこともあります。

ユーザビリティテスト（観察法）とは、あらかじめ設定したタスクをリアルなユーザーに実施してもらい、その行動や発話を記録する方法で、具体的なユーザビリティの問題箇所と原因を特定する評価方法です。さらにそこで観察された内容から、どこにどんな問題があるのか、その問題が起きた原因をテスト後にデプスインタビューを行い確認し、分析します。

イメージでつかもう！

評価方法別の評価視点の違い

下表のとおり、評価方法ごとにカバーする評価指標が異なっているため、評価指標を補完し合うように、適切な組み合わせで実施すると評価結果の信頼性が高まります。

評価方法	ユーザビリティの評価指標		
	有効性	効率性	満足度
ヒューリスティック評価	◎	○	×
認知的ウォークスルー法	◎	○	×
観察法（ユーザビリティテスト）	◎	◎	△
デプスインタビュー	△	△	◎

Webサイトにおけるユーザビリティ評価の7原則

Webサイトのユーザビリティを評価するうえで必要となる評価点は、JIS-Z-8520:2008（ISO 9241-110:2006）「人間工学ー人とシステムとのインタラクション」の「対話の原則」として7つの原則が定義されています。

#	原則	対象をWebサイトとした場合の解釈
1	仕事（タスク）への適合性	ユーザーが目的とするタスクを効果的かつ効率的に到達し達成できるかを示します。
2	自己記述性	ユーザーが操作しているWebサイト上のコンテンツや表示内容を、即座に理解できるようにすることを示します。
3	ユーザーの期待への一致	Webサイトでの操作が、対象となるユーザーのタスクに対する理解度、経験、常識などと矛盾がないことを示します。
4	学習への適合性	Webサイト側が、ユーザーの使い方を学習することに対して支援を行い、次の操作や機能へ誘導することです。
5	可制御性	ユーザーが目標に到達するまで、ユーザーが操作の主導権を持ち、次の操作をどうするか、操作のスピードなどを制御できること示します。
6	誤りに対しての許容度	ユーザーが誤った操作をしても、最小の訂正作業や訂正作業なしでも、意図した結果に到達できることを示します。
7	個人化への適合性	ユーザーの嗜好や熟練度、機能の必要性に合わせて機器の設定カスタマイズを可能にすることです。

関連用語 ヒューリスティック評価 ▶▶▶ P.175　ユーザビリティテスト（観察法）▶▶▶ P.175
デプスインタビュー ▶▶▶ P.175

10 SEO（検索エンジン最適化）

SEO（Search Engine Optimization、検索エンジン最適化）とは、Web サイトを検索エンジンで上位に表示させるための対策を意味します。Web サイトへの流入の大半が検索エンジンを経由したものとなっている昨今、検索エンジンでの露出度向上が Web サイトへの集客に直結します。

● SEO の種類

SEO は、**ホワイトハット SEO、ブラックハット SEO** に分類されます。ホワイトハット SEO は Google 社のガイドラインに沿いユーザーに重点を置いたものです。ブラックハット SEO は検索アルゴリズムの裏をかくような対策のことを言い、Google に検知された場合、検索結果から排除されることがあります。

● 検索エンジンに正しく情報を伝える

SEO の出発点は、**ユーザーがどのようなキーワードで必要な情報を探しているかを理解する**ことです。例えば、企画段階でカスタマージャーニーに検索エンジンを 1 つのチャネルとして設定し、どのような検索によってサイトに訪れるかをあらかじめ考えておくべきです。

● 被リンクの獲得方法

検索エンジンは独自のアルゴリズムを用いて、Web サイトを評価し順位を決定しているのですが、その中でも**その Web サイトがどれだけ別のサイトからリンク（被リンク）されているか**が、Web サイトの信頼性を示す指標として採用されています。他者サイトからの優良な被リンクを集めることで、評価が高まり検索結果での順位が改善します。

被リンクを増やす方法はさまざまありますが、本質的にはユーザーに支持される良質なコンテンツを掲載することで、被リンクを得ることができます。さらに SNS を活用した情報発信などを併用することで、優良な被リンク獲得を目指しましょう。

プラス1 国内の検索エンジンシェアは Google と Yahoo! JAPAN で 90％程度が占められているため、SEO 対策＝ Google の検索アルゴリズムに対する対策となっています。

イメージでつかもう！

日本における検索エンジンのシェア（2020/12現在）

Yahoo! JAPANは検索エンジンとしてGoogleを採用しているため、Googleが95%のシェアを誇ります。

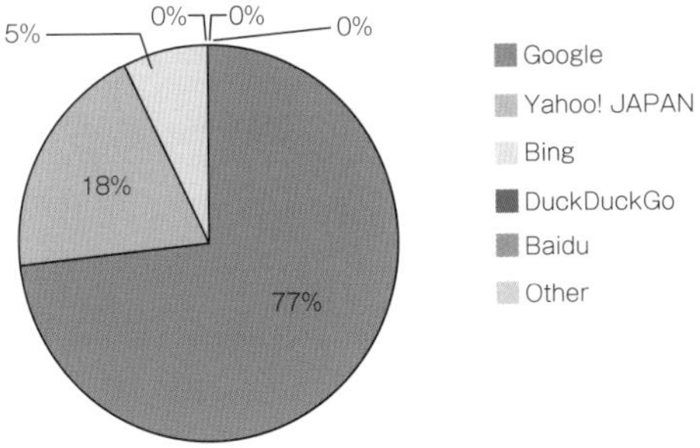

5%
0%
0%
0%
18%
77%
Google
Yahoo! JAPAN
Bing
DuckDuckGo
Baidu
Other

出典）https://gs.statcounter.com/search-engine-market-share/all/japan/2020

検索タイプ別の対策

検索アルゴリズムの進化に伴い、検索意図とコンテンツの関係が重要視されています。
Google社が提唱する4つの検索タイプを意識した対策が求められています。

Know/知りたい

「情報について知りたい」

知りたいことについての意味や定義、仕組み、事実、歴史などを調べる行為。
検索の大部分がこのタイプで、直接的な行動には結びつきづらい。

Do/したい

「やってみたい」

何らかのアクションをするための行為。ニーズが顕在化し、行動意欲があるため、直接コンバージョンにつながることが期待できます。

Go/行きたい

「○○へ行きたい」

「したい」という意図はDoと同じですが、「○○へ」「○○の」など対象や目的が明確なことが特徴です。指名検索と呼ばれる具体名での検索がこれにあたります。

Buy/買いたい

「○○を買いたい」

「買いたい」という購入に特化した行為で、「レビュー」、「口コミ」、「比較」などのキーワードを伴った検索がこれにあたります。

11 サーチコンソールって何?

サーチコンソール（Search Console） とは、Google社が提供するWebマスター向けの無料ツールで、Webサイトの検索順位を決定づけるさまざまな指標を把握して最適な対策を行うことができます。

● サーチコンソールの使い方

Webサイトの公開に合わせ、サーチコンソールの設定を行います。サーチコンソール（https://search.google.com/search-console）にアクセスし、プロパティ（Webサイト）を登録します。登録にはWebサイト所有権の確認が必要で、確認が済めばすぐに使用することができます。

● サーチコンソールの主な機能

- URL検査

URL（ページ）単位でGoogle検索のインデックスに登録されているかどうか確認できます。また情報の更新を伝え、再インデックスを促すことができます。

- 検索パフォーマンス「検索結果」

キーワードごとの掲載順位やCTR（クリック率）などを把握することができるため、コンテンツを考えるうえで有益なインプットになります。

- インデックス「カバレッジ」

正しく登録されなかったページが登録されるよう改善ができます。

- インデックス「削除」

検索結果に表示させたくないページを指定して削除リクエストができます。

- ウェブに関する主な指標

表示速度の指標となるコアウェブバイタルの評価結果が確認できます。

- モバイルユーザビリティ

スマートフォンからのアクセス時にユーザビリティに問題がないか確認できます。

- リンク

被リンクや内部リンクの数を確認したり、リンク元のURLを確認したりできます。

サーチコンソールの使い方

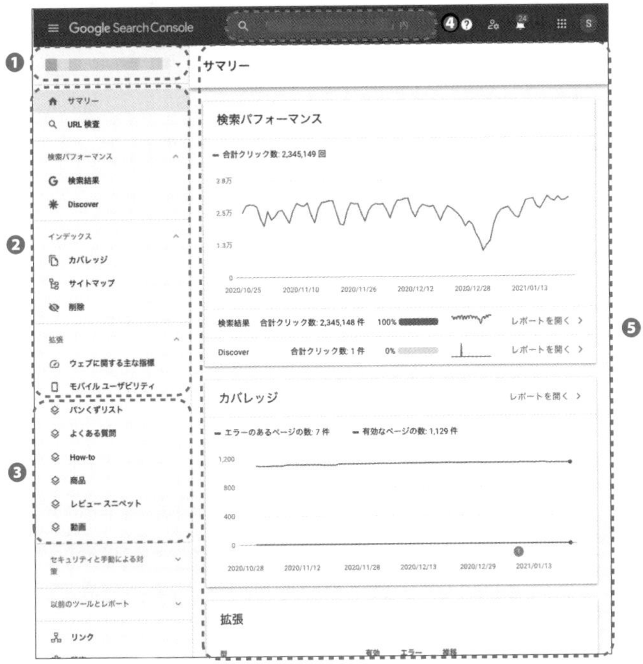

Google Search Console
❶
❷
❸
❹
❺
サマリー
URL 検査
検索パフォーマンス
検索結果
Discover
インデックス
カバレッジ
サイトマップ
削除
拡張
ウェブに関する主な指標
モバイル ユーザビリティ
パンくずリスト
よくある質問
How-to
商品
レビュー スニペット
動画
セキュリティと手動による対策
以前のツールとレポート
リンク
検索パフォーマンス
合計クリック数: 2,345,149 回
検索結果 合計クリック数: 2,345,148 件 100%
Discover 合計クリック数: 1 件 0%
レポートを開く
カバレッジ
エラーのあるページの数: 7 件
有効なページの数: 1,129 件
拡張

❶プロパティ選択
複数のWebサイトを管理している場合はプロパティを切り替えることができる。

❷メニュー
左ページ「サーチコンソールの主な機能」で説明した機能を利用するためのメニュー。

❸リッチスニペット（リッチリザルト）・メニュー
Webサイトでリッチスニペット（構造化データ）を使用している場合に表示される。Googleがリッチスニペットを正常に読み取れたかどうかなどを確認できる。

❹Webサイト内のURL検査
指定のURLを入力して、インデックスの状態やリッチスニペットの状態など、URL単位で確認ができる。

❺レポート等表示領域
各メニューのレポートなどが表示される領域。ドリルダウン形式で内容を深掘りして確認できるメニューもある。

12 Webパフォーマンス

現在、Webサイトの評価として「適切にページが表示されるか」だけでなく、「どれだけ素早く表示されるか」が重視されています。Webサイトの表示が遅いことは利用者のストレスにつながるだけでなく、SEOの観点でもGoogleの評価指標に組み込まれたことで重要度が増してきています。

● Webパフォーマンスとは

海外では一般的に「Web Performance」と言われ、Webサイトの表示速度だけでなく、Webサイトの提供するエクスペリエンス全体のパフォーマンスを意味しています。Google社により、表示速度を測る3つの指標であるLCP、FID、CLSを**「コアウェブバイタル」**としてSEO評価に組み込むことが発表されたことで、表示速度がさらに重要視されることになりました。以前はWebページを構成するすべてのファイルをダウンロードするまでの時間をもって「3秒ルール」と言われたこともありましたが、現在は技術発展により通信速度が向上したことで、**Webサイトを表示するブラウザ上でいかに速く表示するか**が問われています。

● Webパフォーマンスの改善方法

Webパフォーマンスを改善する方法は、「Webサイトがどのような状態にあるか計測を行い、原因を調査して突き止め、改善を行い、結果を計測する」というサイクルで行います。

計測にはChromeなどのブラウザに搭載されたデベロッパーツールなど使用することができますが、ここでは**PageSpeed Insights**を使い確認してみましょう。

PageSpeed Insightsでは、独自のパフォーマンススコアが算出され、改善効果をスコアで確認することができます。また、具体的な改善項目の指摘や改善方法などもあわせて表示されるため、Webパフォーマンスに対する知識を持たない方でも、どのような問題があり、どんな改善が必要かを知ることができます。

しかしながら**Webパフォーマンスの改善は、サイト全体の設計の見直しが必要となることが多いため、制作の初期段階から取り組む必要があります。**

プラス1　Webパフォーマンスの改善を考えるうえでは、知識としてブラウザがどのようにWebページを構成し表示しているかを知ることが肝要です。

イメージでつかもう！

Google社が提唱する「コアウェブバイタル」とは？

Google社が提唱するWebサイトの品質を示す「ウェブバイタル」というさまざまな指標のうち、すべてのWebサイトに共通して重要とされるのが、「コアウェブバイタル」と言われるLCP、FID、CLSの3つの指標です。

LCP：読込スピード

ユーザーがページで最も有意義なコンテンツをどのくらい早く見ることができるかを表す指標。
ページの読み込みを開始してから2.5秒以内が合格点とされている。
感覚的な読み込みスピードを測定し、ページ読み込みタイムラインにおいてページの主要コンテンツが読み込まれたと思われるタイミングを指します。

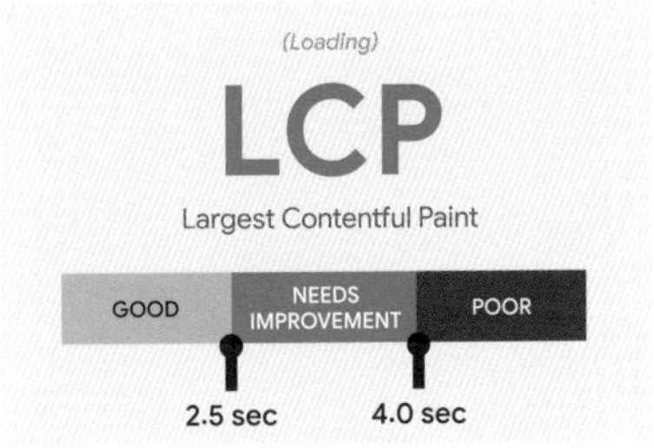
(Loading)
LCP
Largest Contentful Paint
GOOD
NEEDS IMPROVEMENT
POOR
2.5 sec
4.0 sec

FID：双方向性

最初の入力までの遅延を表す指標。
ページのFIDが100ミリ秒未満が合格点。
ユーザーが最初にページを操作しようとする場合に感じるエクスペリエンス（体験）を定量化します。

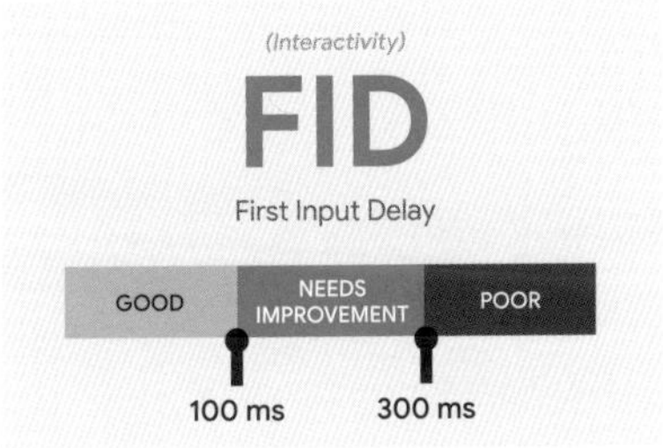
(Interactivity)
FID
First Input Delay
GOOD
NEEDS IMPROVEMENT
POOR
100 ms
300 ms

CLS：視覚的安定性

ページがどのくらい安定しているように感じられるかを表す指標。
ページでCLSを0.1未満に維持する必要がある。
視覚的な安定性を測定し、表示されるページ コンテンツにおける予期しないレイアウトのずれの量を定量化します。

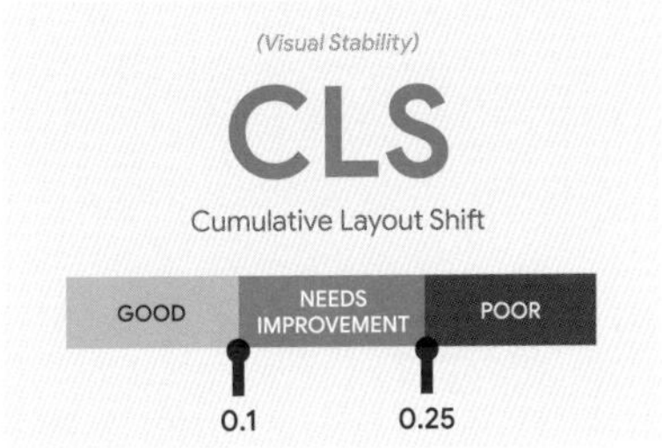
(Visual Stability)
CLS
Cumulative Layout Shift
GOOD
NEEDS IMPROVEMENT
POOR
0.1
0.25

コアウェブバイタルは、サーチコンソールの「ウェブに関する主な指標」で結果が確認できる他、PageSpeed InsightsにてURL単位で確認ができるため、一度確認してみるとよいでしょう。

PageSpeed Insights https://pagespeed.web.dev/

なお、この指標は毎年アップデートされることが発表されているため、ページの表示スピードだけでなく、ユーザビリティやアクセシビリティへの配慮などWebサイトの品質を高め続けていく必要があります。

出典）https://developers-jp.googleblog.com/2020/05/web-vitals.html

関連用語 SEO ▶▶▶ P.180　サーチコンソール ▶▶▶ P.182

13 障害発生時の対応

Web サイトを運用するにあたり、考えておかなければならないのが、**障害発生時の対応**です。Web サイトにおける障害は、Web サーバーやネットワークの機器トラブルなど Web サイトへのアクセスに支障が生じる場合から、Web サイトの機能が正常に作動しない場合、コンテンツ内容の誤記述が検知される場合などさまざまです。

● 事前準備

障害の発生を予期することはできないため、事前準備として、障害の程度（レベル）の定義や障害発生時の対応手順（フロー）を決めておくと、障害発生時に慌てずにスムーズな意志決定や対応が可能となります。

＜事前に用意しておくべき内容＞

- **障害対応レベルごとの方針**
- **障害の管理方法**
- **障害対応フロー（手順）**
- **関係者連絡フロー**
- **システム構成図**

この他、障害発生時の Web サイト上での告知方法（表示領域や表示内容）などをあらかじめ Web サイトの設計としても盛り込んでおく必要があります。

● 障害発生時の対応

実際に障害が発生した場合の具体的な対応順序を、フローチャート形式で示すと右図のようになります。事前準備で作成した障害レベルに応じた対応方針がなければ、スムーズで着実な対応は困難であり、結果的に Web サイトに訪れるユーザーの信頼を失う結果に直結することを肝に銘じておきましょう。

Web サイトにおける障害は、リアル店舗でのトラブルとは違い、発生時に取り繕い謝罪することは困難で、発生後の対応となることがほとんどです。そのため、障害発生後の対応次第で Web サイトや運営会社への印象が大きく変わってしまいます。

イメージでつかもう！

障害レベル別対応方針の例

対応レベルの考え方は、ユーザーに直接的な影響が生じるかどうかを軸に設定するとよいでしょう。

レベル	内容・対応方針	ユーザー影響
1	サービス停止を伴う重大な障害 （サーバー機器故障、ネットワーク障害など）	有
2	単体ではサービス停止に陥らないがユーザーへの影響があり、多重化した場合サービス停止につながる障害（サーバーの一部機能停止など）	有
3	サービス停止を伴わないが、ユーザーへの影響がある障害 （コンテンツ誤記述や機能不全）	有
4	単体ではサービス停止に陥らず、ユーザーへの影響がない障害 （コンテンツ閲覧に支障が生じないレベルの表示崩れや、機能不全）	無
5	サービス停止を伴わない軽微な障害	無

障害発生時の対応フロー例

以下の例のような障害発生時の対応フローをあらかじめ設定しておくとともに、ユーザーに影響がある場合は、どのタイミングでユーザーに告知を行うかなどを含めフローに組み込んでおくとよいでしょう。

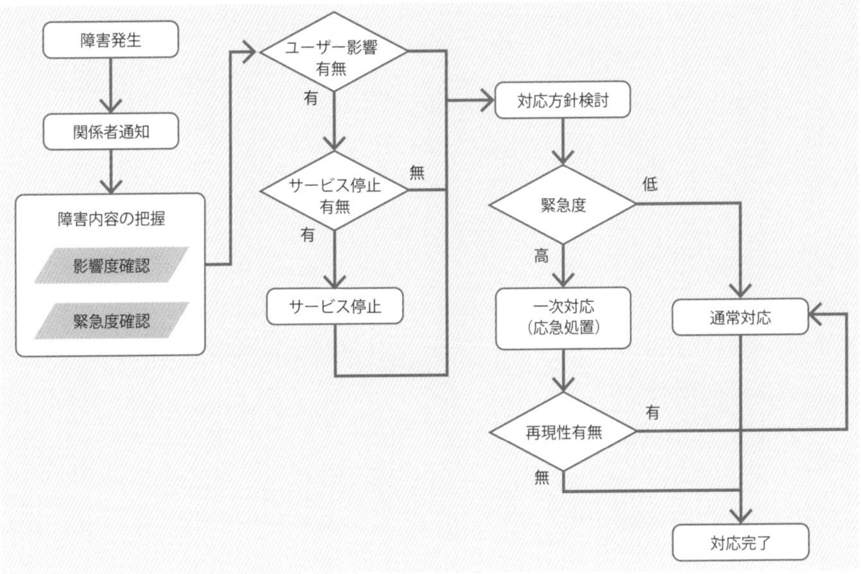

障害発生
関係者通知
障害内容の把握
影響度確認
緊急度確認
ユーザー影響有無
有
無
サービス停止有無
有
サービス停止
対応方針検討
緊急度
低
高
一次対応（応急処置）
通常対応
再現性有無
有
無
対応完了

COLUMN

Webサイトの運用は計画的に

Webサイトのリリース後の運用について、いつ頃から考えておくべきでしょうか？　やはり、**Webサイトの企画を開始した段階から、運用にどのぐらいのコストがかかるか、どのようなサイクルで改善を行うのかなどを考えておくべきです。**初期段階で考えることが多くて大変と思われるかもしれませんが、できるだけ先を見通した計画を立てることが必要です。

Webサイトを旅行に例えて考えてみましょう。

はじめての海外旅行、あなたはどんなステップで計画を立てますか？

一般的な旅行の計画は7ステップで考えるとよいようです。

ステップ①：旅（Webサイト）の目的を考えます

ステップ②：行き先（Webサイトで何を実現したいか）を決めます

ステップ③：旅行でやりたいこと（必要なコンテンツ）をリストアップします

ステップ④：優先順位を決めます

ステップ⑤：それぞれの所要時間を調べて（サイト構造やコンテンツ構成）検討します

ステップ⑥：どのぐらい出費になるのか確認します

ステップ⑦：スケジュールを作成します

何も計画しない放浪の旅だったとしても、ステップ①、②、⑥、⑦ぐらいは考えるのではないでしょうか？　Webサイトに置き換えて考えても、必ずすべてのステップを踏まなければならないというわけではありません。

本来、運用とは「ものをうまく働かせ使うこと」を意味しています。初期構築と運用を区分けして考えるのではなく、限られたリソース（ヒト・モノ・カネ）で最大限の効用が得られるように、何をすべきかを考えて計画し実行することが運用であり、その運用を繰り返すことこそが、目的達成への近道と言えるのではないでしょうか。

INDEX

な行

は行

ま行

や行

ら行

わ行

■ 本書のサポートページ
https://isbn2.sbcr.jp/09559/

本書をお読みいただいたご感想を上記URLからお寄せください。
本書に関するサポート情報やお問い合わせ受付フォームも掲載しておりますので、あわせてご利用ください。

イラスト図解式
この一冊で全部わかるWeb制作と運用の基本

2021年5月24日　初版第1刷発行
2024年2月19日　初版第5刷発行

著　者 ………………………… NRIネットコム株式会社　小出 修平・塚田 一政・時津 祐己・羽廣 憲世

発行者 ………………………… 小川 淳
発行所 ………………………… SBクリエイティブ株式会社
〒105-0001 東京都港区虎ノ門2-2-1
https://www.sbcr.jp/
印　刷 ………………………… 株式会社シナノ

カバーデザイン ………… 米倉 英弘（株式会社 細山田デザイン事務所）
イラスト……………………… 深澤 彩友美
制　作 ………………………… 株式会社リブロワークス

落丁本、乱丁本は小社営業部にてお取り替えいたします。
定価はカバーに記載されております。

Printed in Japan　ISBN978-4-8156-0955-9